水資源・環境学会『環境問題の現場を歩く』シリーズ ❸

琵琶湖と二風谷ダムを歩く

仁連孝昭・奥田進一［著］

成文堂

はしがき

「環境問題の現場を歩く」ブックレットシリーズNo.3として琵琶湖と二風谷ダムを取り上げる。日本最大の湖・琵琶湖、アイヌ民族神話の故郷・二風谷いずれも日本列島に住む人々にとって、かけがえのない水スポットである。その一方で、双方の地域とも第二次大戦後の水資源開発の画期を成すプロジェクトの現場となっている。琵琶湖は、関西圏の国土計画の柱として1972（昭和47）年に琵琶湖総合開発措置法が制定されて以来、治水事業と水資源開発事業が進められた。具体的には、水位上昇に対応できるよう琵琶湖の周囲の堤防が整備され、水位低下にも対応し堰や取水施設、漁業施設の改修が進んだ。アイヌ民族の聖地である二風谷には、沙流川総合開発の一環として二風谷ダムが作られ1998（平成10）年から管理が開始されている。同ダムは、日本のダム訴訟史上唯一、ダムの建設に違法との司法判断が下された事例である。

本書で琵琶湖を紙上ガイドする仁連孝昭氏は、1980年代から水の資源環境経済学・エコロジー経済学の研究に着手、滋賀県立大学など滋賀県内の大学で勤務し、40年にわたって琵琶湖とその集水域での教育・研究・実践活動に取り組んできた。琵琶湖周辺に残存する内湖への案内は、まさに地元目線であり琵琶湖の香りが匂ってくるようである。仁連氏は、生活からの発想を重視し、エコロジカルなコミュニティの創出を目指すエコ村運動にも関わってきた。仁連氏の長年の蓄積を反映した、琵琶湖への眼差しに本書では触れていただきたい。

二風谷のガイドとなる奥田進一氏は、拓殖大学で法律を教える、環境法・民法の専門家である。これまで中国での水環境問題の研究も進めており、雄大な北海道の大地で、アイヌと和人という複数の民族が関わるこの問題の案内役としてまことに適任と言えるだろう。歴史の愛好家である奥田氏はアイヌ神話、義経伝説の話題も交えつつ、二風谷を案内してくれる。司法・裁判は英語ではジャスティス（justice）という。ジャスティスはまた、正義・公正を意味する。法律家の正義の視点から見た北の大地の光景を眺めてほしい。

ブックレットシリーズ No.2では、長良川河口堰・八ツ場ダムを訪れている。本書と併せて手に取っていただくと、新たな発見があるのではないかと思う。

本シリーズは、「読んだら行きたくなる」「持って行きたくなる」ブックレットを目指している。本書へのご感想、読んでみたいスポットのご提案など、ぜひお寄せいただきたい。

2024年 5 月

水資源・環境学会『環境問題の現場を歩く』シリーズ刊行委員会

目　次

I

琵琶湖を歩く

仁連孝昭

1．琵琶湖の特徴

琵琶湖の水が流れ出る先である大阪で生まれ育った私にとっての最初の琵琶湖との出会いは1960年代末のカビ臭のある飲料水を経験することからだった。それまでは大阪市の上水道源についてあまり意識していなかったのであるが、琵琶湖の水を飲んでいることを体感したのである。当時は公害問題が騒がれている時代だ。その原因が公に認知されるかどうかを別にして、公害問題は水俣病やイタイイタイ病などのようにその原因が特定の工場や鉱山からの廃水であり、因果関係が明確な問題でだった。しかし、琵琶湖を水源とする飲料水のカビ臭問題は、公害問題の枠の中で議論できない新しい環境問題が起きていることを教えてくれたのである。加害者と被害者の関係で片づけることができない問題に直面し、私たちの暮らしの在り方そのものを見直すことが健全な琵琶湖を取り戻すことに繋がることに気づかされたのである。琵琶湖と人々の暮らしとの関わりを足掛かりに琵琶湖を見てみよう。

⑴ 古代湖としての琵琶湖

琵琶湖の特徴を紹介することから始めたい。何と言っても琵琶湖は400万年の歴史を持つ世界でも数少ない古代湖のひとつに挙げられている。古代湖であるがゆえ、そこにしか生息していない生き物、琵琶湖の固有種を見ることができる。ビワコオオナマズ、ゲンゴロウブナ、ワタカなどは琵琶湖ができる前に種の分化が起こり、琵琶湖だけに残った魚種で、遺存固有種と呼ば

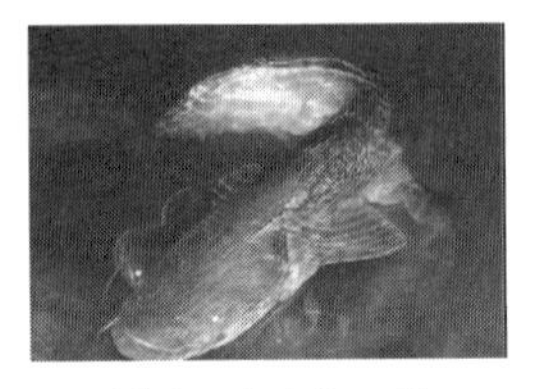
ビワコオオナマズ

ニゴロブナ

ワタカ

写真1　琵琶湖の固有種
出典）滋賀県『琵琶湖ハンドブック（三訂版）』2018年

れている。また、長く琵琶湖で生活することでその環境に適合した生活様式を獲得して進化してきた魚種として、ビワコヒガイやスゴモロコなどがあげられる。琵琶湖には魚類で16種、貝類で28種の固有種が確認されている。その他の固有種を含め、多様な動植物が琵琶湖に生息しており、豊かな淡水生態系を形成している。そこに暮らす人々が安定して豊かなたんぱく源を得てきたことはこの豊かな生態系の証である。鮒ずしをはじめとした琵琶湖ならではの伝統料理がそれを物語っている。

しかしながら、琵琶湖の環境変化により固有種をはじめとする在来種はその生息数を減らし、ワタカ、アブラヒガイ、オオガタスジシマドジョウ、ビワコガタスジシマドジョウは「滋賀県レッドデータブック2020」で絶滅危惧種に指定され、他の固有種も絶滅が心配されている。

⑵　広大で豊かな湖

琵琶湖の第二番目の特徴は何といってもその大きさにある。その面積は699平方キロメートル、南北の延長は63キロメートルに及ぶ日本国内で最も大きい湖である。集水域面積は3,174平方キロメートルで、行政区域では滋賀県および京都市の一部が含まれている。滋賀県域の面積が4,017平方キロメートルで、そこから琵琶湖の面積を除くと3,318平方キロメートルとなり、県域の一部を除いて県域のほとんどが琵琶湖の集水域に収まることとなる。この広大な琵琶湖の周辺に古代から人々の暮らしが連綿と続いてきた。それは、暮らしを支える食料と水の恵みを琵琶湖が提供し続けることができたからである。さらに、琵琶湖は古代からの日本の都であった奈良と京都に近く、都を支える重要な交通路として必要な食料や物資を供給する役割を果たしただけでなく、敦賀を経由して朝鮮半島と都を繋ぐ重要な交通路となっていた。

琵琶湖の固有種を含む多様な在来魚介類はたんぱく源として暮らしを支え、湖岸や内湖に繁茂する藻や底泥は肥料として水田稲作を支え、ヨシ原は琵琶湖に生息する魚類の産卵と生育の場となり、鳥類の棲みかとなり、ヨシは葭簀（ヨシズ）やヨシ葺き屋根の材料としてヨシ産業を支えてきた。人々と琵琶湖の関わりの歴史は古く縄文時代にさかのぼることができる。発掘された遺跡の分布から見ると、縄文時代の黎明期（9000年から6300年前）の遺跡はその多くが琵琶湖沿岸部に位置していることが分かっている（滋賀県文化財保護協会2010）。大津市粟津湖底遺跡の発掘調査から、縄文人はその食糧を琵琶湖の貝類（シジミ）や魚類（フナ、コイ、ナマズ、ギギ）に大きく依存していたことが明らかとなった。縄文人は山から得られる植物性食糧（トチノキ、イチイガシ）動物性食糧（イノシシ、シカ）だけでなく、湖が提供する貝類、魚類そしてヒシなどの豊かで安定した食糧を手に入れ生活を営んでいた。なぜなら、陸地の動物性食料の狩猟は不安定であり、陸域の植物性食料の採集は季節性があるのにくらべ、琵琶湖の魚介類はより安定して手に入れることができたからである。

縄文後期から弥生時代に移るにつれて、人々の居住域は湖の周辺から三角州、扇状地へと広がっていくが、水辺でも人々の営みが続いてきた。稲作のための水を得やすいこと、淡水魚などのタンパク源を得やすいことがその理

写真２　琵琶湖、東岸からの琵琶湖と遠景の比良山

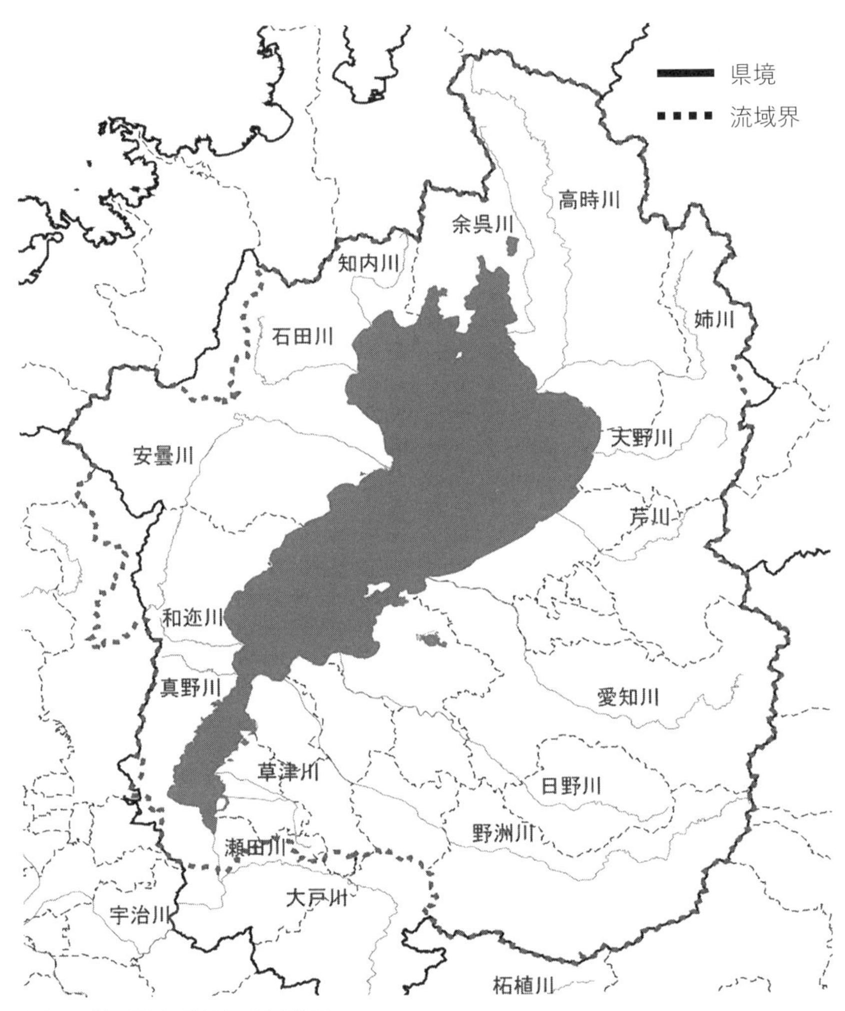

図１　琵琶湖とその集水域地図

出典）琵琶湖保全再生推進協議会『琵琶湖の保全及び再生に関する施策の実施状況（令和4年度版)』2022年

由としてあげられる。縄文時代後期には丸木舟を使った漁獲も行われるようになっている。

琵琶湖の自然、生態そして人々の関わりの歴史を琵琶湖博物館の展示を通じて知ることができる。琵琶湖博物館は湖に突き出た烏丸半島に位置し、湖と一体となった博物館であり、2020年のリニューアルで新たに樹冠トレイルが琵琶湖に向かって設けられ、そこからも湖に近づくことができる。また、そのA展示室では「変わり続ける琵琶湖」をテーマに琵琶湖の自然史を知ることができ、B展示室では「自然と暮らしの歴史」の展示から人々の琵琶湖との関わりの歴史を知ることができ、C展示室では「湖のいまと私たち」というテーマで私たちと琵琶湖との関わりを体験的に学ぶことができる。是非、訪れてもらいたい。

⑶　持続的な資源利用とその転換

琵琶湖の周りではそこで手に入れることのできる資源を利用することによって暮らしが支えられ、また独自の文化が育まれ続いてきた。琵琶湖の生態系と共存する持続的な資源利用の仕方が培われてきた。それはエリ漁などの漁法、湖から引き揚げた泥藻の水田への肥料投入などに見ることができる。長い目で見ると、湖と人々との持続可能な関係性を築く力が働いてきたのだが、時としてそれを壊す力が働いた時期もある。

とくに、戦争中から戦後にかけて食糧増産が叫ばれた時代には琵琶湖を取り巻いていた内湖が干拓され農地に転換されたこと、戦後の木材需要の増大に応えて拡大造林を進め集水域に人工林を増やしたが、その管理が十分できずに放置され森林荒廃が進んだこと、戦後経済の高度成長過程で生活様式が変化し家庭の水消費（内風呂、洗濯機の普及等）の増加や製造業の立地による廃水の急増への対応の遅れによる栄養塩類の流入による淡水赤潮やアオコの繁茂に見られる琵琶湖の富栄養化、水田農業の省力化のためのかんがい用水と排水の分離による栄養分の流出、化学合成肥料や農薬の投入による水田から流出する汚濁負荷の増加、下流の京阪神地域の水需要の増加をまかなうために琵琶湖水位の変動幅を広げることを可能にする湖岸堤建設による人工護岸化による生物生息環境の悪化、琵琶湖下流域を洪水から守るために実施された梅雨前の琵琶湖水位の操作による魚類の産卵場所の干上がりなどが、琵琶湖の生態系へ大きなインパクトを与えた。

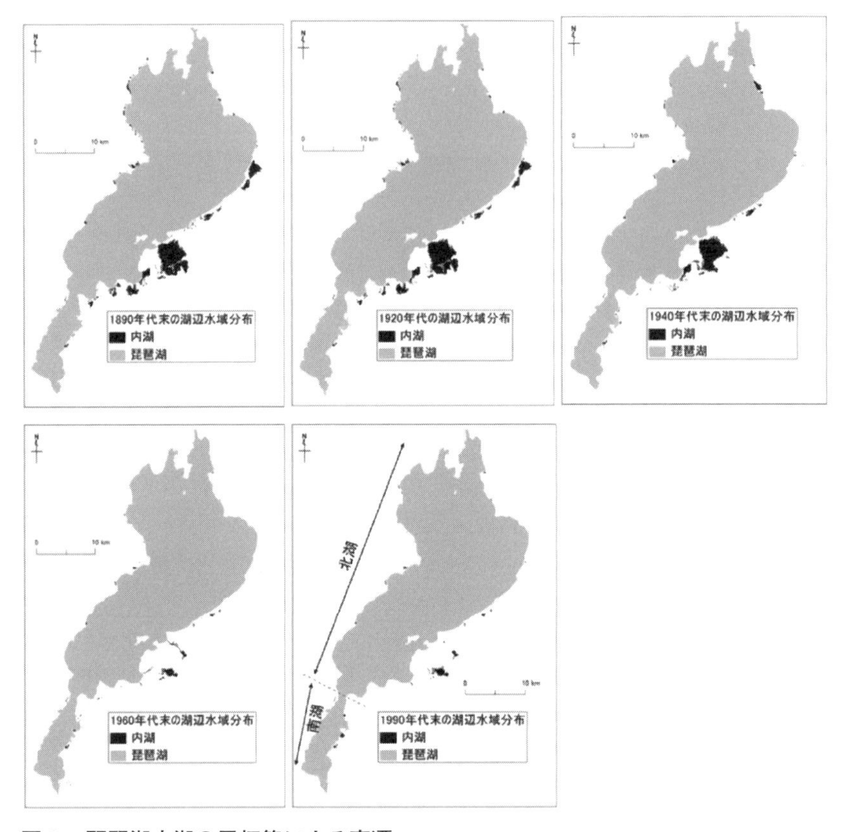

図２　琵琶湖内湖の干拓等による変遷

出典）金子育子、東善広、他「湖岸生態系の保全・修復および管理に関する政策課題研究「琵琶湖環境科学研究センター研究報告書」第７号、2011年

⑷　琵琶湖の生物多様性の危機

琵琶湖の生物多様性を脅かしているのは、第１に琵琶湖およびその集水域の物理的改変と人間活動に起因する窒素やリンなどの負荷の過剰な流入によるインパクト（生物多様性の第１の危機）である。第二次大戦中そして戦後に手を付けられた内湖の干拓は、食糧増産が目的であり、淡水の内湖は干拓後すぐに農業ができることから、国策として進められた。これによって、魚類の産卵生育場所が多く消失した。また、産卵期と重なる梅雨前の水位操作に

よる琵琶湖の水位低下によって残された産卵場所が干上がり、産卵と稚魚の成育に悪影響を及ぼすこととなった。

第２番目に、今度は逆に自然に対する人間の働きかけの縮小撤退によって、生態系に及ぼす負のインパクトである。水田はかつて魚類の生育場所だったが、水田農業の機械化、省力化を推進するための土地改良による水田の乾田化と用排水分離によってコイ科魚類の産卵場、稚魚の成育場としての水田の機能が損なわれるようになった。

第３番目に、人為的に環境中に持ち込まれた化学物質や外来種による生態系へのインパクトとして、窒素やリンなどの水田に投入された化学肥料が代掻きによる農業濁水の流出により栄養塩類が湖に流出することや、持ち込まれたオオクチバス、ブルーギルなどの外来魚の繁殖が在来魚を脅かし、オオバナミズキンバイ、ナガエツルノゲイトウなどの外来植物が水辺で繁殖し水質、水産資源、湖畔植生に悪影響を及ぼすようになった。

第４番目に、地球規模で生じる気候変動による生物多様性への影響がある。琵琶湖は水深が深いところで103メートルあり、北湖の湖西側が深くなっている。深いところでは大気中の酸素が水に溶けることが少なく生物による酸素消費によって一方的に減っていくが、琵琶湖では冬季に酸素を含んだ表面水が冷却され相対的に重くなり、下層に沈み、酸素の豊かな上層水と低酸素の下層水が対流し、下層に酸素を供給している。この全層循環と呼ばれる現象が2019年と2020年の冬季には起こらず、琵琶湖下層の生物にとって危機的な状況が生まれた。地球温暖化の影響だと危惧されている。

(5)　琵琶湖生態系の貧困化

琵琶湖では長くそこに暮らす人々が琵琶湖の恵みを持続的に利用する仕組みを築き上げてきた。しかし、その仕組みが壊れてきたことを示す出来事が1970年代後半から1980年代にかけて顕著になった。琵琶湖の淡水赤潮（ウログレナ・アメリカーナの異常発生）であり、1980年代後半から2010年代まで続くアオコの発生であった。これらの出来事は多くの人々に危機感を与え、琵琶湖保全のための市民の運動、行政の取り組み、企業の取り組みが始まることに繋がった。しかし琵琶湖の危機は水質についての危機だけではなく、生

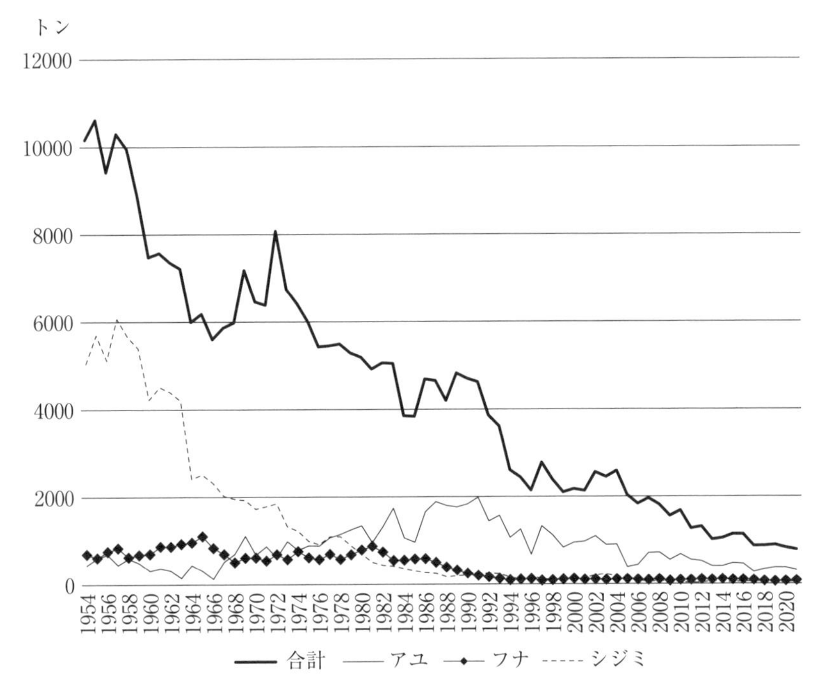

図３　琵琶湖の漁獲量の推移

出典）累年統計表｜滋賀県ホームページ（shiga.lg.jp）より作成。

命を育む場としての危機でした。人々の暮らしを支えていた魚介類がこの間に急激に姿を消していったのである。漁獲量で見ると、1950年代に年間5,000トンあったセタシジミの漁獲量が2019年には41トンまで激減、フナ類の漁獲量は1960年代の年間500～900トンから2010年代には年間20～50トンへ激減、ホンモロコは1960年代の年間160～350トンの漁獲量から2000年代には５～30トンへと激減した。これは、琵琶湖の生態系が貧困になってきていることを象徴している。

2．琵琶湖での環境への気づき

⑴　琵琶湖総合開発と近畿の「みずがめ」

琵琶湖の水が流れ出る河川は瀬田川一本しかない。そのため上流の琵琶湖沿岸では大雨によって琵琶湖の水位が上昇しても瀬田川の疎通能力が小さくなかなか水位が下がらず、洪水に悩まされてきた。瀬田川の疎通能力を増やすため、河村瑞賢が瀬田川浚渫を江戸幕府に申し出たこともあるが、下流の洪水を恐れた幕府はそれを受け入れなかった。明治29（1896）年９月に起きた豪雨により浸水日数が237日に及ぶ水害をもたらしたこともあった。しかし、琵琶湖沿岸の水害対策が本格的に進むのは、高度経済成長期に下流の京阪神が琵琶湖の豊かな水資源に関心を向けるようになり、下流に水資源を供給すると同時に上流の治水対策を施す琵琶湖総合開発まで待たなければならなかった。琵琶湖は洪水時の高水位、また渇水時の下流への水供給に耐えられるよう水位変動幅を大きく想定した貯水池とするため、湖岸堤の建設による洪水防御対策と湖岸施設（取水施設の沖だし、港湾施設の改築と航路浚渫、瀬田川洗堰の改築など）の水位低下対策が施された。そして、瀬田川洗堰の疎通能力が毎秒600立方メートルから800立方メートルに増強され琵琶湖の水位操作能力が大きくなった。また、琵琶湖をとりまく湖岸堤上には湖岸道路が整備され、私たちは琵琶湖沿いの湖岸道路から湖を眺め、感じ取ることが容易になり、自転車で琵琶湖を一周する「ビワイチ」はナショナルサイクルルートのひとつとなっている。１周約200キロメートル、北湖１周約150キロメートルのサイクリングに挑戦してみてはいかがか。瀬田川沿いを南下し、瀬田唐橋を過ぎ、石山寺を過ぎ、名神高速道路の橋梁を過ぎた次の橋梁に瀬田川洗堰がある。現在の洗堰の上流100メートルのところに明治時代に建設された洗堰（疎通能力毎秒400立方メートル）の遺跡が残されているし、洗堰に隣接して「水のめぐみ館　アクア琵琶」があり、水位操作や瀬田川改修、琵琶湖の水害と治山治水の歴史を知ることのできる展示に触れることができる。

ともあれ、1972年から25年かけて実施された琵琶湖総合開発事業によって、飲み水として琵琶湖の水を京阪神の広域な人々が利用することとなり、琵琶湖は1400万人の「みずがめ」にとなった。それまでは、琵琶湖の水を利

写真3　瀬田川につながる琵琶湖

写真右上の瀬田川から琵琶湖の水は淀川を通じて流下し、京阪神地方の水資源を供給している。

写真4　京都疎水大津側入口

明治18年に着工し明治23年に第一疏水が完成しました。疏水は琵琶湖から水を引き、水力で工場をおこし、舟運で没死を輸送することを目的に計画されましたが、水力発電、都市用水供給に利用され、現在も現役で活躍しています。

用できたのは琵琶湖疎水を引いた京都市だけであったのだが。

⑵ 「石けん運動」と富栄養化対策

琵琶湖における淡水赤潮の出現はまさに事件だった。1977年５月淡水赤潮が発生し、琵琶湖の表面が茶褐色の赤潮で覆われ、水が悪臭を発するようになった。それ以前の1970年前後から琵琶湖を水源にする京阪神では水道水にカビ臭が現れ、飲み水に対する人々の関心が高くなっていた最中のことである。また、赤ちゃんのオムツかぶれや、合成洗剤を扱う主婦の湿疹などから合成洗剤を問題視する議論が起こりはじめていた頃でもある。そのような中で、琵琶湖の淡水赤潮は大きな衝撃を与えた。

ウログレナ・アメリカーナという植物プランクトンの異常発生がことの始まりであり、その原因は琵琶湖に生活排水や工場排水から流れ込んだ窒素やリンなどの栄養物質が増え、植物プランクトンを異常発生させたのである。なかでもリンは家庭で使用する合成洗剤に多く含まれていたので、滋賀県の主婦を中心に、琵琶湖を守るために合成洗剤をやめて、粉石けんを使おうという運動がわき起こった。

「石けん運動」に始まる琵琶湖の環境保全の取り組みは大きな広がりを見せ、琵琶湖の富栄養化の進行を食い止めるという成果を生み出した。これは当時の環境保全運動に新しいページを開いたと言える。市民、事業者、行政が生命の水を守るという目標を共有し、それぞれがすべきそしてできることに取り組み、パートナーシップを築いていった。市民は合成洗剤や石けんが環境や健康に及ぼす影響について学習し、石けんの使用を広げ、行政は富栄養化についての科学的知見に基づきリンを含む合成洗剤の使用を禁止し、下水道の普及を飛躍的に推進した。企業は水質汚濁防止法に定められたよりも厳しい滋賀県の排水基準を満たすために適切な廃水処理技術を取り入れ、責任をはたしてきた。

この「石けん運動」は大きな盛り上がりを示し、リンを含む合成洗剤の販売・使用・贈答の禁止、窒素やリンの工場排水規制について規定した「滋賀県琵琶湖の富栄養化の防止に関する条例」が制定されることに繋がった。この「琵琶湖条例」が施行されたのは1980年７月１日である。主婦から始まっ

写真 5　せっけん運動の様子

出典）https://www.pref.shiga.lg.jp/mizukankyobusiness/106669.html

た「石けん運動」は行政を動かし、琵琶湖に排水している企業も責任を持って工場排水の処理に取り組むことになった。あわせて、滋賀県は下水道の整備を琵琶湖総合開発計画の事業として積極的に推進し、琵琶湖の富栄養化に繋がる窒素やリンなどの栄養塩の琵琶湖への流入負荷を削減することに力を注ぐことになった。滋賀県内の下水道整備は市町村単位で処理場で汚水を処理するのではなく、市町村を越え広域的に汚水を集め処理する流域下水道として整備され、県内を 4 つの処理区にまとめている。湖南中部、湖西、東北部、高島処理区である。そのうち規模の最も大きい湖南中部浄化センターは草津市の矢橋帰帆島に位置し、隣接して淡海環境プラザがあり、ここで水環境や下水道についての展示を見ることができる。

これらの努力の結果、琵琶湖に流入する負荷量は大きく減少した。

図 4 に見るように、生活系から排出され琵琶湖に流入するリンと窒素は大きく減少した。次いで、産業系からの排出も大きく減少することになった。県民、事業者が行政と一体になって富栄養化対策に取り組んできた成果が表

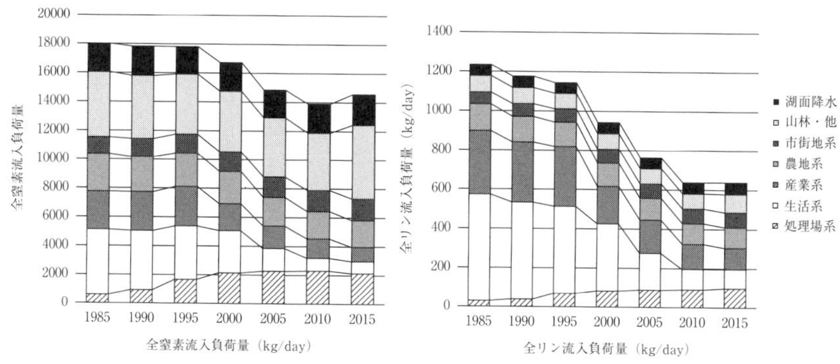

図4　琵琶湖に流入する負荷量の推移

れたのである。このように県民、事業者、行政が水環境を守るという目標を共有し、琵琶湖の富栄養化対策に力を合わせて取り組んできたがゆえにその運動が実を結んだのである。

⑶　富栄養化対策から生態系修復へ

しかし、琵琶湖の水環境は県民、事業者、行政のパートナーシップによる富栄養化対策によって劇的に改善されたわけではなかった。淡水赤潮の発生は取り組みの後次第におさまり、2009年を最後に発生していないが、1983年からアオコの発生が見られるようになり、これは今も続いている。そして、1994年の大渇水以後南湖では水草が繁茂し、湖流の停滞、湖底の泥化、溶存酸素濃度の低下など生態系に悪影響を及ぼすようになった。それだけでなく、漁業や船舶航行にとって障害となり、腐敗した水草が悪臭を放つなどの問題を招いている。また、ナガエツルノゲイトウ、オオバナミズキンバイなどの外来水生植物の繁茂による生態系への悪影響が心配されるようになり、環境団体、学生・市民ボランティア、行政による外来水生植物を駆除する活動が続けられている。その他オオクチバスやブルーギルなどの外来魚により、在来魚の減少が続いている。

琵琶湖の保全に向けての取り組みが大きく前進したが、それだけでは十分ではなかったのである。当時の富栄養化の進展が淡水赤潮に見られるように、あまりにも劇的であったがゆえに、その原因となっている栄養塩、とりわけリンの琵琶湖への流入を抑制することに重点が置かれた。しかしすでに触れたように、琵琶湖の異変はそれだけが原因で起きたことではない。環境の物理的な改変と人間活動の増大による環境へのインパクト、自然と共生する人間活動の縮小、外来種と自然界で容易に分解しない化学物質の流入、そして地球規模の気候変動が絡まりあって起きてきたことと言わなければならない。

琵琶湖の富栄養化問題への取り組みはリンや窒素の負荷削減という解決方法に留まっていることを許さなかった。その解決方法は問題の原因を絞り込み、その原因を取り除くという因果関係の究明に根ざしたものだが、琵琶湖の環境問題は実験室で因果関係を再現できるような閉ざされた系の中の問題ではなく、開かれた系における人間をはじめとする多様な生物の相互作用の結果として現れている。したがって、原因を絞っていきその対処法を探るという従来型の問題解決手法から、健全な生態系を取り戻すために、生態系を修復していくという新しい問題解決手法が取られるようになってきたのである。

⑷　ヨシ群落の保全回復

まず、琵琶湖の生態系の重要な構成要素であるヨシ群落を保全回復しようという取り組みが始まった。ヨシ群落は湖で生命が最も豊かな水陸移行帯（エコトーン）に位置しているがゆえに、琵琶湖の生態系にとって最も重要な場所である。野鳥の産卵場、餌場、ねぐらとして利用され、コイやフナなどが産卵し、稚魚の生育場として利用されている。また、ヨシ群落は河川から運ばれる汚濁物質を沈殿させ、ヨシの茎に付着した微生物が有機物を分解し、ヨシの生育のために窒素やリンなどを吸収し、水を浄化する作用を果たしている。このような琵琶湖の生態系にとってもっとも重要なもののひとつであるヨシ群落が、第二次大戦前後の食糧増産のための内湖干拓によってその多くが失われ、その後の琵琶湖総合開発事業として建設された湖岸堤によっても失われた。このヨシ群落を保全回復しようとする動きが行政から始まり、「滋賀県琵琶湖のヨシ群落の保全に関する条例」（ヨシ群落保全条例）

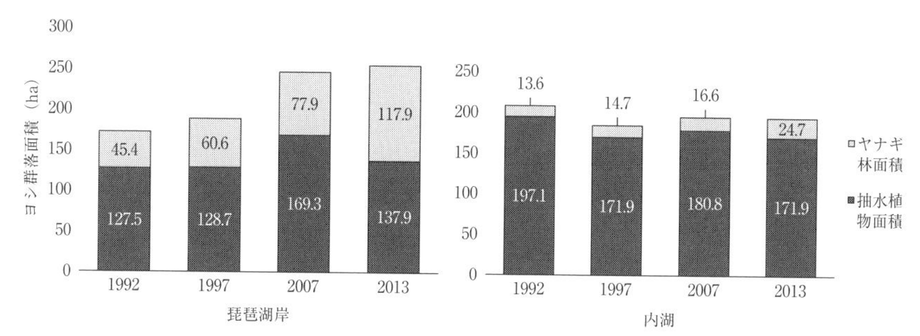

図５　琵琶湖のヨシ群落面積の推移

が1992年７月１日に施行された。

ヨシ群落保全条例はその前文で以下のように謳っている。

> 県民すべての願いである碧い琵琶湖を取り戻すためには、今日までの湖に流入する汚濁の原因となる物質を削減する努力に加えて、湖自身の健全な自然の営みを重視し、その維持と回復に努めることが求められる。今一度、私たちも自然界の一員であるとの認識に立ち返り、県民一人ひとりが、自然にやさしい暮らしを心がけ、自然の生態系の仕組みに目を向けていかなければならない。

このように、ヨシ群落という生態系に着目した取り組みが始まり、琵琶湖保全は新しい段階に入ってきた。また、ヨシ群落を保全再生する取り組みだけでなく、内湖そのものの機能を回復しようとする次の動きも出てきた。それはいったん干拓され水田として利用されていた長浜市の早崎内湖をふたたび湛水して内湖を復活する試みである。2001年11月に早崎内湖干拓地の一部20ヘクタールを滋賀県が湛水し、内湖再生が始まり、地域住民は早崎ビオトープネットワーキングを設立し、早崎内湖での自然観察をすすめてきた。その後、2015年11月に滋賀県がこの湛水区域を買収し内湖再生の取り組みが続いている。現在、コハクチョウが県内でもっとも多く飛来する場所となるなど生態系の回復がみられ、地域住民が組織する早崎内湖保全再生協議会が早崎ビオトープとして管理している。協議会では生物多様性の回復してきた状況をホームページ（早崎内湖ビオトープ公式ホームページ（http://r.goope.jp/hayazakinaiko/）を通じて発信している。早崎内湖ビオトープには湖岸道路に面した長浜市湖北町にあり、奥琵琶スポーツの森から少し北に位置する場所である。またそのすぐ北には湖北水鳥センターと琵琶湖水鳥・湿地センターがあり、あわせて訪問してもらいたい。

(5)「魚のゆりかご水田」と「環境こだわり農業」

琵琶湖集水域の農業は1972年に始まり1996年に終了した琵琶湖総合開発で大きく変化した。湖辺の湿田は土地改良事業によって乾田化され区画が整理され農業機械が利用できるようになり、琵琶湖から揚水したかんがい水がパイプを通じて水田に供給される逆水かんがいシステムが整備された。これは農業の担い手が減少する中で、水田農業を持続させることに繋がった。土地改良事業が実施されていなければ、現在に至るまで水田農業を引き継ぐことが困難になっていたと思われる。しかし、琵琶湖の生態系にとってこれは大きな打撃となったのである。土地改良事業前の湿田は琵琶湖の魚が産卵し稚魚が成育する場所になっていたが、乾田化により産卵場所がなくなってしまったのである。

水田をかつてのように魚の生育する場所にするため、2001年より「魚のゆ

水田魚道排水桝

堰上式魚道

写真6　魚のゆりかご水田の魚道

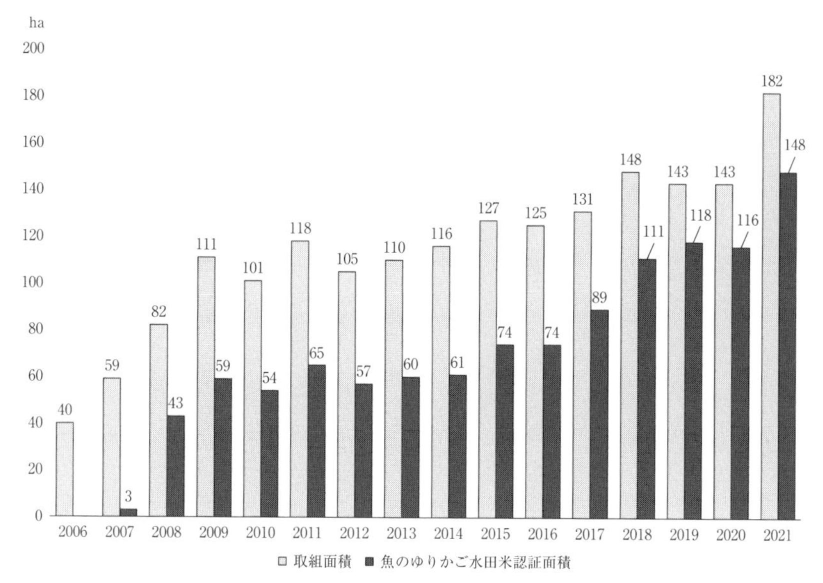

図6　魚のゆりかご水田の取り組み

りかご水田プロジェクト」が始まった。琵琶湖につながる水田の排水路を通じて魚が水田に遡上できる「水田魚道排水桝」の開発、排水路の水位を段階的にあげる「堰上式魚道」の開発などのハードな取り組みと「魚のゆりかご水田環境直接支払パイロット事業」、「魚のゆりかご水田米」の商標登録などのソフトな支援策を滋賀県が準備し、ニゴロブナなどの在来魚の生育場所を復活させる取り組みが進められてきた。規模の大きい「魚のゆりかご水田」は野洲市の安治49.6ヘクタール、東近江市の栗見出在家38.6ヘクタール、高島市のマキノ町知内20.6ヘクタールがある。栗見出在家魚のゆりかご水田協議会では見学を受け付けているので、連絡して訪問することができる（kurimi.dezaike@e-omi.ne.jp）。

また、水田から琵琶湖に流れ込む代掻き期の農業濁水には微細土壌とともに懸濁態のリンが多く含まれていることが琵琶湖の水質にとっても大きな問題であった。そこで、農薬の使用、化学肥料の施用を慣行農法の半分以下に減らし、農業濁水を公共水域に流さないなど環境に配慮した農業生産を奨励し、安全・安心な農産物を消費者に供給し、農業の健全な発展を図るために、滋賀県は2001年４月に「環境こだわり農産物認証制度」を創設し、2003年３月に「滋賀県環境こだわり農業推進条例」を制定した。これに取り組む農業者に余分にかかる費用を直接支払により補填し、農産物を「環境こだわり農産物」として認証することにより消費者に安全・安心な農産物を届ける工夫をしてきた。これは稲作を中心に広がりを見せてきている。環境こだわり農産物は各地の道の駅や農産物直売所などで手に入れることができる。

以上のように、琵琶湖の保全再生に対する取り組みはまず危機的な富栄養化を食い止める負荷の削減対策から始まり、琵琶湖の生態系の復元、環境に配慮した農業への転換へとその領域を広げてきた。森林の分野でも、「琵琶湖森林づくり条例」が2004年３月に制定され、森林を森林所有者だけに任せておくのではなく、水源涵養、国土保全、動植物の生息生育の場として森林の持つ多面的な機能が発揮できる森林づくりを目指す方向性が示されようになった。富栄養化対策から生態系修復へと琵琶湖をめぐる環境保全の取り組みが進化してきているのである。

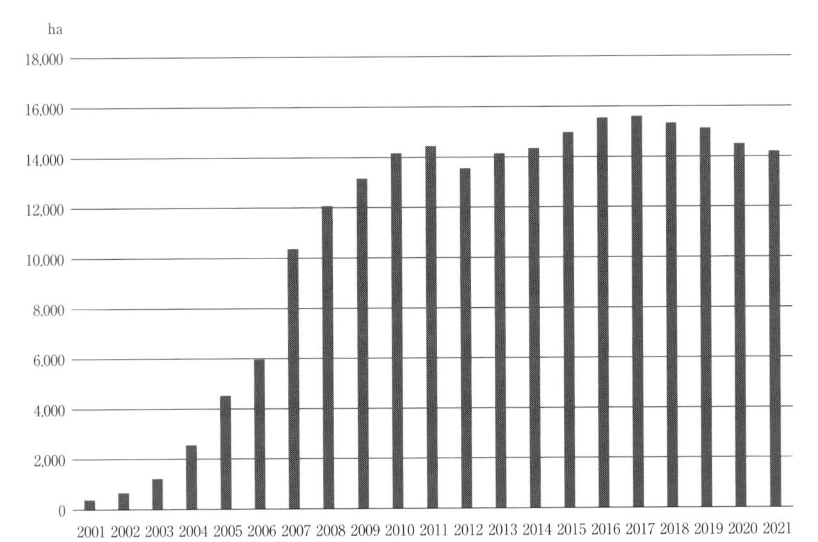

図７　環境こだわり農産物栽培面積

図8　環境こだわり農産物認証マーク

3．システムとして琵琶湖をとらえる

(1)　システムとして琵琶湖をとらえる試み：マザーレイク21計画

琵琶湖は自然系と人間系を含む複雑なシステムであり、より複雑なシステムである地球系を構成しているサブシステムでもある。これを意識した琵琶湖観がこれまでの環境保全活動の中から醸成されてきたと言える。

1972年から1997年にかけて取り組まれてきた「琵琶湖総合開発」は利水と治水に焦点が当てられ、従来型の個別の課題に対応する課題解決方法で取り組まれてきた。その結果、琵琶湖の水資源利用と湖周辺の洪水対策には成果が見られたが、それが琵琶湖の自然環境に大きな負担を与えるものとなってしまった。琵琶湖の水位変動に耐えられるように張り巡らせた湖岸堤は湖から湿地帯を切り離し魚類の産卵場所を遠ざけてしまった。また、洪水の危険性が高くなる梅雨期前に湖水位を下げる水位操作はニゴロブナ等の産卵期と重なり、産卵と稚魚の孵化を妨げることになった。そのような中で、琵琶湖の価値を損なわないよう、琵琶湖の総合保全を目指す計画づくりが検討され、「琵琶湖総合保全整備計画（マザーレイク21計画）」が2000年３月に策定された。

「マザーレイク21計画」は水質保全、水源涵養、自然的環境・景観保全を計画目標の柱として、2050年頃の琵琶湖のあるべき姿を描き、「琵琶湖と人との共生」を形あるものにしようとしたものである。「共感（人々と地域との幅広い共感）」。「共存（保全と活力ある暮らしの共存）」、「共有（後代の人々との琵琶湖の共有）」を目指したのである。これは、琵琶湖環境を水質の側面からだけでなく、その多面的な側面に注目して保全に取り組もうとすることを目指したものであった。

しかし、行政計画としては意欲的な計画だったが、総合的な取り組みが必ずしもこれで進展したわけではなかった。第１期計画の取り組みを県は次のように総括している。

> 「総合的に見ると、第１期計画では、琵琶湖を含めた流域を一つの系（システム）とし、水質や自然的環境・景観、水源かん養機能を一体として保全する視点、琵琶湖の「生態系サービス」全体に関する配慮が不足していたと考えられます。また、琵琶湖の総合保全に向け、流域の実情に応じた環境を柱とした生活文化にまで高まることを目指して進められた「河川流域単位での取組」は、県民、事業者、市民、行政等が様々な施策や活動を行い、住民の主体的な取組を進めるために一定の役割を果たしましたが、組織化や行政の支援方法の課題もあり、全てが当初の考えどおりの役割を果たしたとは言えませんでした。」（滋賀県『琵琶湖総合保全整備計画（マザーレイク21計画）〈第２期改訂版〉ふりかえり報告書』2021年）

第１期計画の総括を踏まえて、「マザーレイク21第２期計画（2011年10月改定）」では琵琶湖をひとつのシステムとして総合的に捉えようという考え方を前に進め、「琵琶湖流域生態系の保全・再生」と「暮らしと湖の関わりの再生」を計画の柱とした。琵琶湖を湖内、湖辺域、集水域を繋いだひとつのシステムとして捉え、個人・家庭、地域、生業（なりわい）のそれぞれのレベルで人々の暮らしを琵琶湖につなげるという方向性を打ち出した。また、

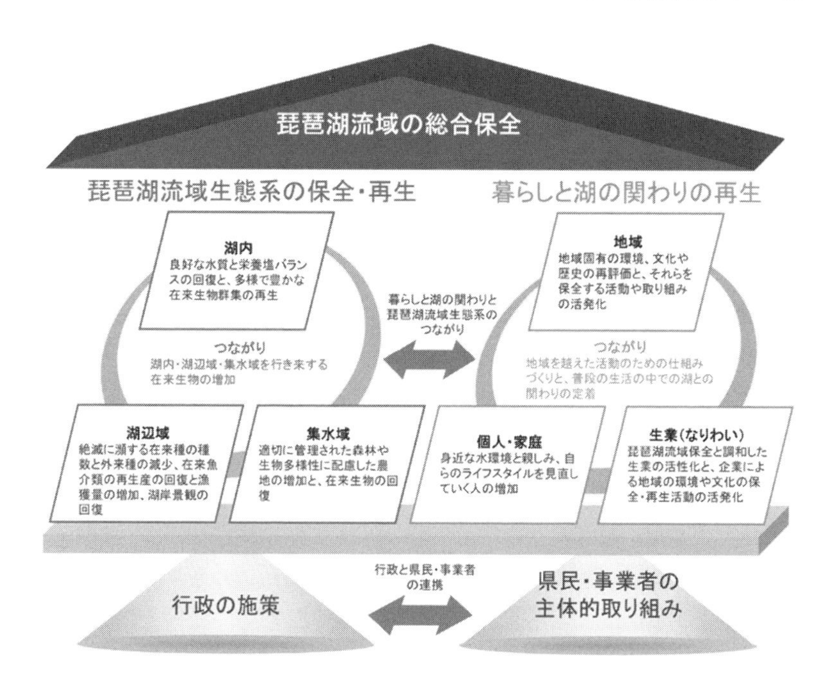

図９　「マザーレイク21計画」第２期の概要

出典）滋賀県「琵琶湖総合保全整備計画（マザーレイク21計画）〈第２期改訂版〉ふりかえり報告書」2021年

それだけでなく県の行政計画であるとともに、県民および多様なステイクホルダーが共有する計画とするために、県、県民、NPO、事業者、市町などの多様な主体が参加し、計画の進行管理をする「マザーレイクフォーラム」を組織した。第２期計画でようやく、琵琶湖をひとつのシステムとして多様なステイクホルダーが共有し、それぞれが責任を持って関わっていく枠組みがつくられたのである。

⑵　琵琶湖保全再生法の制定と湖と暮らしの関わりの再構築

そのような中で、議員立法により「琵琶湖保全及び再生に関する法律（琵琶湖保全再生法）」が2015年９月16日に成立し、同月28日に公布・施行されるに至ったのである。

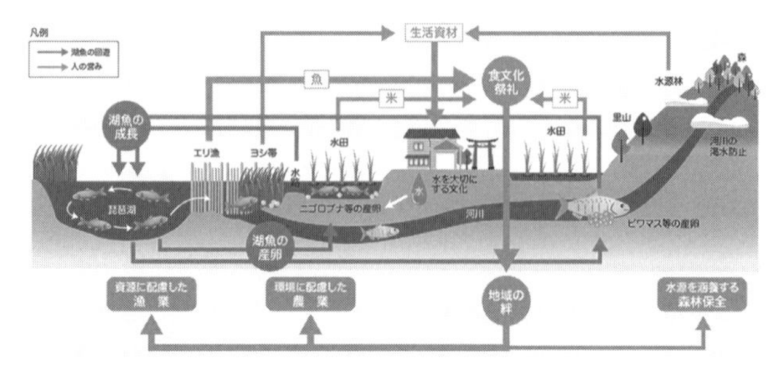

図10　持続的な漁業と農業の融合による琵琶湖システム

出典）https://www.pref.shiga.lg.jp/biwako-system/about/

図11　琵琶湖システムのイメージ

出典）https://www.pref.shiga.lg.jp/biwako-system/about/

その後の課題は計画が描いた集水域から琵琶湖までの生態系の繋がり、琵琶湖と人々の暮らしの繋がりを調和の取れたものに転換していく県民、事業者、行政の連携した取り組みをどのように生み出し、発展させていくかということになる。その端緒を切り開くことになったのは、「琵琶湖システム」の日本農業遺産（2019年3月）、世界農業遺産（2022年7月）の認定である。「琵琶湖システム」は水田営農との関わりで発展してきた内水面漁業を中心とするシステムであり、湖魚の繁殖場となる水田、選択的に漁獲する伝統的なエリ漁、漁業者による森林管理などの仕組みを通じて、豊かな湖の生態系を持続させながら、営まれてきた暮らしと生業を支えてきたシステムである。それは琵琶湖に関わる農業と漁業の営みがその生態系を持続させることによって成り立つシステムである。このようなシステムを発展させることが琵琶湖の保全再生につながるのである。

⑶　マザーレイクゴールズ MLGs

先に触れた「マザーレイク21計画第2次改訂版」（2011年10月）で、琵琶湖の保全活動に多様な主体が参加し、多様なステイクホルダー間のパートナーシップをつくりだすため「マザーレイクフォーラム」が設けられ、県民、NPO、事業者、農林水産業従事者、専門家、行政が参加し琵琶湖の保全について様々な角度から対話を進めてきた。そして、マザーレイクフォーラムを通じた対話の中から琵琶湖の自治と連携の実現に向けたマザーレイクゴールズ MLGs を作ろうという動きになり、さらに多様な場での議論を経て2021年7月にマザーレイクゴールズ（MLGs）アジェンダがマザーレイクゴールズ推進委員会から発表された。

それは SDGs の琵琶湖版と言うべきもので、13のゴールからなっている。琵琶湖と共存する暮らしや生業・産業、琵琶湖と共存する文化を育み、琵琶湖を学びと楽しみの場として大事にし、地球の気候変動を食い止め、災害を招かず、生物多様性を損なわず、地球環境に責任を持ち、自然を生かした防災に心がけ、湖も湖辺域も集水域も健全な状態に保ち、生き物の賑わいを取り戻すことを2030年に向けての目標としている。

琵琶湖の保全と SDGs を重ね合わせることによって、マザーレイクゴール

図12　マザーレイクゴールズ

図13　マザーレイクゴールズのロゴマーク

ズは琵琶湖の問題を琵琶湖から集水域まで含めたひとつのシステムとしてとらえるだけでなく、その中に私たち人間の多様な生き方、ウェルビーイングも統合したものとしてとらえている。そして、多様な人々のパートナーシップで琵琶湖の保全と人々のウェルビーイングに取り組もうと呼びかけているのである。

4．西の湖の再生に向けて

⑴　人々の暮らしと多様な生命を育んできた内湖

琵琶湖はかつて40余りの内湖に取り囲まれていた。内湖は琵琶湖に流れ込む河川から運ばれてきた土砂が風や波によって入江の縁に砂堆が形成され、それが発達することによって入江を閉じ込め、内湖が形成されたと考えられている。また湖東平野では独立した山塊が湖に近いところに存在し、それが河川からの土砂堆積による三角州の発達を妨げ、取り残された水面が内湖を形成したと考えられている。後者は面積の広いものが多く、入江内湖（米原市）は305ヘクタール、松原内湖（彦根市）は73ヘクタール、大中の湖（近江八幡市）は1,145ヘクタール、西の湖（近江八幡市）は222ヘクタール、小中の湖（近江八幡市）は342ヘクタール、津田内湖（近江八幡市）は119ヘクタール、水茎内湖（近江八幡市）は201ヘクタールの広さがあった。これらの内湖は面積が広かったがゆえに西の湖を除いて戦中戦後の食糧増産政策のために干拓され農地に転換されてしまった。

それまで内湖はそこに暮らす人々にとって、また琵琶湖の生態系にとって重要な役割を果たしていたのである。内湖とそれを取り巻いていた水田は一体のものとして扱われていた。一般に近代的農業が普及する前の日本の水田稲作は里山を抜きに維持できないものであり、里山からの肥料分の補給によって稲作を持続させてきたのである。琵琶湖沿岸の水田稲作にとっての里山は内湖であり内湖から引き上げられた泥藻が水田に肥料分を供給していたのである。内湖はまさに里湖（さとうみ）であった。それだけでなく、内湖で獲れる魚介類は人々の貴重なタンパク源となっていた。内湖の漁獲を「おかずとり」と呼ぶのはまさにそのことを示していたのである。伝統的漁法であるエリ漁も琵琶湖から内湖に入ってくるニゴロブナやコイを待ち受けて捕獲する漁法として発達したものである。

さらに、内湖と湿田に張り巡らされた水路網は微高地の集落と湿田を結ぶ交通路であり、収穫された米を搬出するための運搬路であった。内湖は波が静かで安全に航行できる格好の航路であり、港も内湖に築造されていた。近

写真７　西の湖の水鳥

写真８　西の湖の辺りにある集落
ヨシ群落と里山に囲まれたたたずまい

江商人がこの地で生まれたのも、琵琶湖につながる内湖の舟運に支えられたからこそと言える。また、内湖は抽水植物の生育地であり、ヨシの繁茂する独特の景観を備えている。ヨシは屋根を葺く材料として重宝され、葦簀（よしず）や簾（すだれ）、衝立（ついたて）や夏用の引戸に加工され、内湖で使う漁具の材料としても使われていた。近江八幡では良質なヨシが採れること

写真９　刈り取られたヨシ

写真10　八幡堀に並ぶ水濠めぐりの舟

からヨシ産業が安土桃山時代から発達し、年貢としてヨシが収められていたほどである。

内湖のヨシ原は人々の生活と生業を支えただけでなく、琵琶湖と内湖を生活圏とするニゴイやフナ類等の在来魚の産卵・生育の場所として、プランクトン、昆虫そして魚が豊富で、安全な場所を提供してくれる水鳥にとって格好の棲み処となっている。また、内湖のヨシ原は内湖に流入する水の流速を停滞させ汚濁物質を沈殿させ、ヨシの茎部に付着した微生物が有機物を分解し、分解された栄養塩の一部は植物プランクトンによって吸収され内湖の食物連鎖を通じて循環し、一部はヨシなどの抽水植物の成長に使われている。内湖の生態系が内湖を通じて琵琶湖に流れ込む水を浄化しているのである。

内湖で発達したヨシを利用した生業は良質なヨシを生産するためヨシ焼きや刈取りを通じて内湖のヨシの生育を促し、ヨシ原の灌木林への遷移を抑制し、内湖の水浄化機能を持続させている。また水田の肥料を確保するための内湖からの泥藻の採取は沈殿した有機物を水田に還元することによって内湖の泥質化の進行を留め、水質浄化にも貢献している。このように、内湖における人々の営みが内湖の湿地環境を維持し、琵琶湖の生態系の持続に貢献してきたのである。

(2) 西の湖に生業と環境の複合システムを

しかしすでに見たように、琵琶湖を取り巻いていた大中の湖を初めとする大きい内湖は食糧増産のための農地造成の名目で干拓されてしまい、西の湖だけが残されたのである。西の湖はいまでも、ヨシの一大群落であり、在来魚の繁殖地、水鳥の生息地であるとともにヨシと湿地で構成される景観を維持している。そして、西の湖、北ノ庄沢、水路網そして八幡堀では水郷巡りの観光船が行きかっている。西の湖に浮かぶ島「権座（ごんざ）」では今も田舟で出かけて行く水田稲作が継続されている。西の湖は貴重なサンクチュアリーであり、人々の営みと自然の共同作業によって維持されている琵琶湖の生態系にとってかけがえのないホットスポットとなっている。これを持続させることは琵琶湖の保全再生にとって重要な課題のひとつである。この課題に応えるために、西の湖と人々の関わりをさらに増やしていくことが必要である。西の湖では多様な環境団体が活動し環境学習のフィールドとして利用されている。ヨシを使ったたいまつ祭りが近江八幡のまつりとして定着している。しかし、葭簀や簾などの利用が減り、ヨシの刈取りやヨシ焼きが生業としてではなく、ボランティア活動によって支えられているという実情である。かつてのように生き物と共存する西の湖の利用をさらに広げていくことが求められているのである。

かつては西の湖とそれをとりまく水田はシステムとして一体のものであった。西の湖や水路の泥藻を水田に引き上げ、肥料として利用していたのである。そうすることによって、舟が行きかう航路も維持されてきた。ヨシ刈りとヨシ焼きも冬場の重要な副業であった。西の湖の周りでは泥藻を引き上げ肥料として使う農法はもう途絶え、その代わりに化学肥料が施されている。農家の副業は他の産業分野に転換して久しい。そして農業者も高齢化が進み、後継者もいない状況である。このままでは、西の湖と水田のシステムが復活するどころか、ヨシ原も放置され、灌木林に遷移していき、琵琶湖の健全な生態系の重要な部分を失うことが危惧されている。すでにヨシ原に柳林が侵入してきている。

西の湖を維持するために、周辺の農地の活用と西の湖の活用を連携させる生業を生み出すことが鍵になっている。里山、里湖はまさにそのような複合システムだったのである。琵琶湖に近接して広大な空間が広がっているのが西の湖である。西の湖を知ることを抜きに琵琶湖のシステムを理解することはできない。ここは、水鳥や魚にとってのサンクチュアリーであり、人々の暮らしと生業を支える場であり、琵琶湖と繋がるその一部であり、それがゆえに琵琶湖の環境を持続させてきたのである。それはまた独特な景観をつく

写真11　西の湖のヨシ原に目立ってきた柳林

りだしている。是非一度西の湖を体感し、琵琶湖と人々が繋がっていた姿を目にしてもらいたい。西の湖へはJR近江八幡駅から旧市街に位置する八幡堀を経て、長命寺行きのバスで丸山町か北ノ庄ラコリーナ前で下車して、東に向かって歩くと行けるが、車か自転車で一周するのも良い。

5．リジェネラティブな暮らしへの転換

琵琶湖はいにしえから人々の暮らしと密接にかかわりを持ち存在し続けてきた。琵琶湖は決して手つかずの自然ではない。したがって、琵琶湖を保全再生するということは人々と琵琶湖との健全な関係を取り戻すことに尽きる。人々の日常の暮らしや生業を通じて、遊びや学びの場として接することを通じて、琵琶湖の恵みに触れそれに感謝するという人々と琵琶湖の関わり方を取り戻すことが何よりも大切である。そして、琵琶湖は湖と湖辺域だけでなく、その集水域を含むひとつのシステムであり、集水域における森林と人々の関わり、都市生活、農地のありよう、河川と人々の関わりが湖辺域と湖の生態系に影響を及ぼし、次いで湖辺域における人々の関わりが琵琶湖の生態系に大きな影響を及ぼしているのである。とくに、琵琶湖はその地形的特徴から湖辺域に内湖を発達させてきた。そして、人々の内湖への関わり方、内湖から引き揚げた泥藻の肥料としての利用、内湖の副業的な漁法、ヨシ群落の保全と活用が固有種を含む琵琶湖の生態系を持続させてきたのである。この伝統的な人々の関わり方に内在するリジェネラティブな暮らし方、すなわち自然の生産力・回復力を損なうのではなくむしろその手助けをすることにより自然からの恵みを持続的に利用する暮らし方を取り戻すことが求められている。

しかし、このようなリジェネラティブな暮らし方は農耕社会の中で形成されてきたものであり、そのまま現在の社会にあてはめることはできない。いまや農業に従事する者は滋賀県でも２パーセント（2020年国勢調査産業別就業者数）に過ぎない。しかも、その多くは高齢者によって担われ、若い世代は農業から遠ざかっているのが現状である。若い世代が農業とりわけリジェネラティブな生業に従事できるように社会的な仕組みを整えることが求められ

ている。それだけでなく、琵琶湖とそれを取り巻いている環境に関心を寄せ、釣りをしたり、ボートやカヤックを楽しんだり、ヨシを使って遊んだり、飛来する水鳥を観察したり、さまざまな体験のできる場をつくりだすことが、リジェネラティブな暮らしを担う人々を生み出していくことにつながるのではないだろうか。

写真12　琵琶湖を一周するビワイチ

写真13　西の湖を進む遊覧船

写真14　西の湖で釣りを楽しむ

写真15　西の湖の文化的景観

Ⅱ

二風谷ダムを歩く

奥田進一

1．二風谷ダムとその周辺を訪ねる

⑴　二風谷ダムと平取ダムの概況

二風谷ダムは、北海道沙流(さる)郡平取(びらとり)町二風谷にある（写真１）。周辺には、「二風谷アイヌ文化博物館」、「沙流川歴史館」、「萱野茂二風谷アイヌ資料館」などのアイヌ文化を奥深く学ぶことのできる施設のほか、日高山脈襟裳国定公園の中で最高峰の幌尻岳（標高2,052m）が聳え、その麓の芽生(めむ)（アイヌ語で「湧泉地」を意味する）には野生すずらんが日本一の広さ（約15ha）で群生し、宿泊や食事も可能な温泉施設などが点在している。札幌市内からは、車でおよそ２時間の距離にあるが、2023年８月現在、札幌駅や新千歳空港から平取町まで直行する高速バスはなく、JR 日高本線も2021年４月に鵡川(むかわ)駅以南の区間が廃止されたため、公共交通機関の利用は相当に不便であり、周辺の観光施設を含めて訪問するには札幌駅周辺か新千歳空港でレンタカーを借りることになろう。

二風谷ダムは、国土交通省北海道開発局室蘭開発建設部が管理する特定多目的ダムで、沙流川の河口より約21km 地点に位置し、流域面積は1,215km^2、堤高32m、堤頂長550m、総貯水容量3,150万 m^3、有効貯水容量1,720万 m^{3}の重力式コンクリートダムである（写真２）。

じつは、二風谷ダムからさらに沙流川の上流に向かい、支川の額平(ぬかびら)川に平取ダムがある。これら２つのダムは、沙流川総合開発事業によって建設された兄弟ダムといえよう。沙流川総合開発事業は、二風谷ダムと平取ダムの２

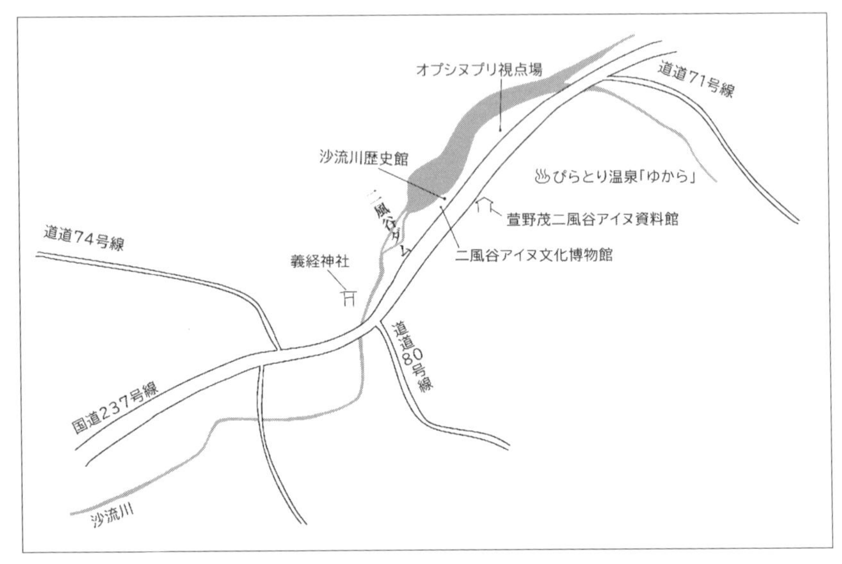

図１　二風谷ダム周辺簡略図
出典）筆者作成

写真１　二風谷ダム全景
出典）国土交通省北海道開発局室蘭開発建設部 Web サイトより転載

写真２　二風谷ダム堤体
出典）2023年９月６日筆者撮影

つの多目的ダムを建設する事業で、「洪水調節」、「流水の正常な機能の維持」、「水道用水の供給」、「発電」を目的として、1971年４月に予備調査を実施し、1982年４月に建設に着手した。そして、二風谷ダムは、1986年９月に本体工事に着手し、1996年６月に試験湛水を完了し、1998年４月から管理が開始された。また、平取ダムは、2015年１月に本体工事に着手し、2022年３月に試験湛水を完了し、2022年７月から管理が開始された。

⑵　シシャモ

二風谷ダムが建設された沙流川の「沙流＝sar」は、アイヌ語で「湿原」や「葭原」を意味し、沙流川の下流に「葭原」が広がっていたことが「沙流川」の語源だという（図２）[1]。他方で、アイヌ民族の叙事詩ユカㇻ（英雄叙事詩（ユカㇻ）と神謡（カムイユカㇻ）とに分けられる）において、沙流川は「シシリムカ」と称され、「本当に砂が多く、河口が詰まって高台になっている」という意味で、その状況は現在でもさほど変わらず、大量の流砂が河口域で扇状に堆積して広大な干潟を形成している。環境省 Web サイトによれば、沙流川と鵡川の河口域の72km^2（このうち干潟は1.3km^2）は、2011年に「生物多様性の観点から重要度の高い海域」に選定され、鳥類にとって重要な生息場となっており、春秋の渡り期の種数・個体数が比較的多く、両河川にはシシャモ（アイヌ語で「柳の葉」を意味する）が産卵遡上する（図３）。

鵡川河口に所在する勇払郡むかわ町はシシャモの一大漁場であり、10月初

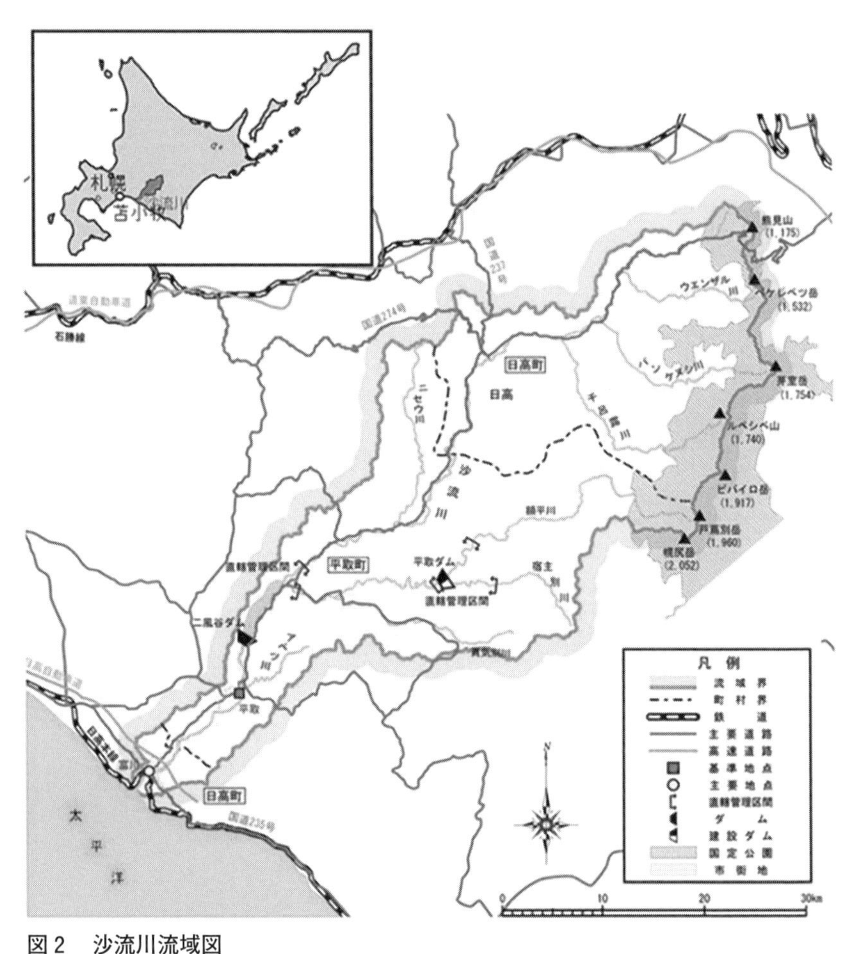

図２　沙流川流域図

出典）国土交通省 Web サイトから転載

めにシシャモ漁が解禁され、わずか40日間だけ漁が行われる（この漁期にむかわ町を訪れると、シシャモのオスの身を使った刺身や寿司を味わうことができる)。じつは、全国のスーパー等で手軽に購入できる「子持ちシシャモ」はカラフトシシャモと呼ばれる代用魚で、シシャモとは生態や生息域も全く異なる別属の魚である。カラフトシシャモは、北海道オホーツク海沿岸、豆満江～サハリン、太平洋・大西洋の寒帯域、北極海に分布し、河川遡上をせず

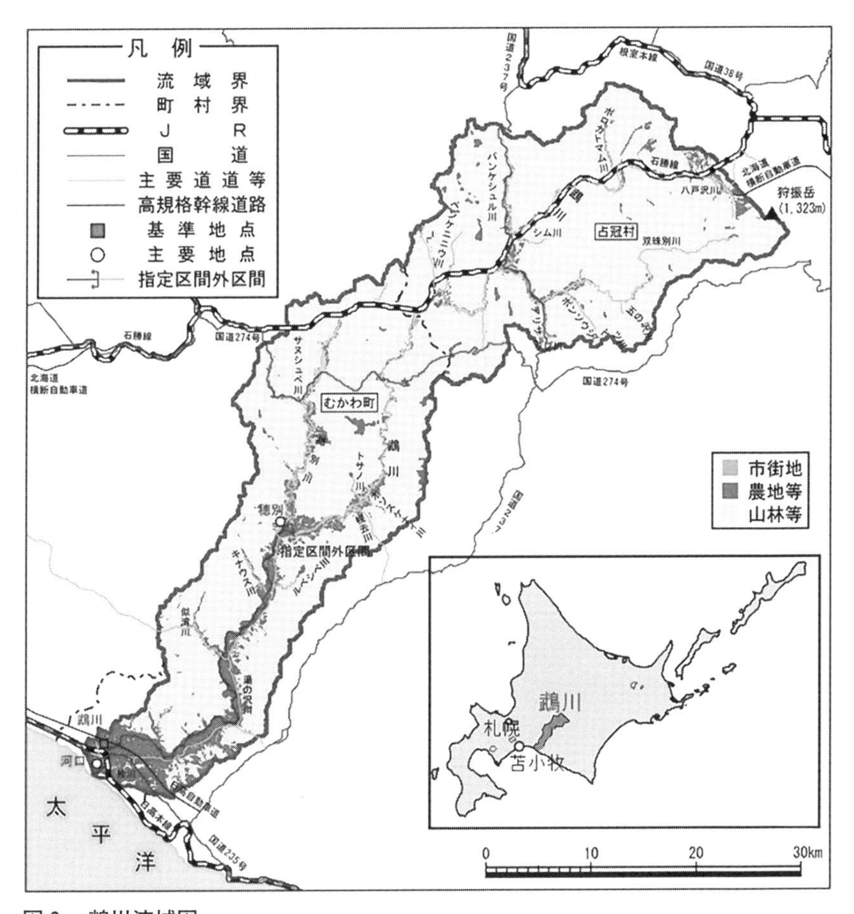

図3　鵡川流域図

出典）国土交通省 Webサイトより転載

海で産卵する。他方で、シシャモは、北海道の太平洋沿岸の一部にしか生息していない日本固有の魚であり、10月中旬から11月下旬に特定の河川を遡上する[2)]。1923年創業の、北海道産シシャモ専門店である「カネダイ大野商店」のWebサイトによれば、日高沿岸の鵡川と沙流川のほかに、十勝川、釧路地方の茶路(ちゃろ)川・阿寒川・新釧路川、厚岸沿岸の別寒辺牛(べかんべうし)川・尾幌(おぼろ)分水川などでの遡上が確認されているが、最近のDNA解析により鵡川および沙流川に遡上する日高沿岸に分布する群れと、十勝川および釧路地方に分布する群れとは遺伝的に異なることが確かめられ、さらに厚岸沿岸に分布して別寒辺牛川および尾幌分水川に遡上する群れも、脊椎骨数などの形態が異なる別の群れであるという。

現在、鵡川および沙流川でのシシャモの漁獲量は減少傾向にある。鵡川および沙流川河口域に肥沃な干潟が広がっていることはすでに述べたとおりだが、国土交通省北海道開発局室蘭開発建設部のWebサイトによれば、鵡川の河口部には、かつては30haを超える干潟が存在していたが、昭和50年代から約20年間に、海岸が最大で約400m浸食され、干潟が大きく減少したという。さらに、この海岸侵食は、鵡川河道内でこれまで実施されてきた砂利採取や鵡川河口から南東に位置する鵡川漁港の整備により、鵡川河口域における土砂収支バランスが変化したことが原因と考えられるという。シシャモは、ゴカイ類やヨコエビ類などの底生生物を主な餌として、河口から1～10km上流の砂礫底で沈性付着卵を生む。卵は粘着膜が反転して、川底の0.3～0.5mm程の砂を包むようにして付着し、翌年の4月初旬～5月下旬頃に孵化する。孵化直後の稚魚は全長8mm程で、孵化直後にすぐに海へと流されて沿岸域の水深120m付近で成長し、さらに翌年秋に体長が11～14cmになって成熟すると、河川を遡上して産卵をしてその生涯を終える。このシシャモの繁殖メカニズムを考えると、シシャモ漁獲量の減少に対して、鵡川では大規模な海岸浸食による河口域の砂礫の減少、沙流川ではダム建設による河口域への土砂流入の減少が全く寄与していないとはいえないだろう。

2．二風谷ダムの土砂堆積と沙流川水害

⑴　貯砂ダム

二風谷ダムの上流部には、貯砂ダムが設置されている。貯砂ダムとは、上流からの土砂をせき止め、ダム湖内に過剰に土砂が貯まるのを防ぐためのダムで、すべてのダムについて設置が必須とされているわけではなく、計画を超える堆砂の進行が見られるダムで建設されることがある。沙流川は、日高山脈の熊見山に源を発し、ウェンザル川、パンケヌシ川、千呂露（ちろろ）川などを合わせ、平取町で額平川と合流して、日高町富川で太平洋に注ぐ全長104km、流域面積1,350km^{2}の一級河川である。上流部は切り立った渓谷で、中流は河岸段丘、下流部は扇状地となっている。前述の通り、アイヌ民族の神謡カムイユカㇻによれば、沙流川は「シシリムカ」と呼ばれ、河口に大量の砂が堆積する場所を意味しているという。ダムに土砂が堆積することは不可避であるとして、二風谷ダムの場合は、通常の河川以上に大量の土砂がダムの貯水池内に堆積することはその歴史的な地名の由来からも容易に想像できていた。だからこそ、計画当初から貯砂ダムの設置が検討され、実際に建設されたのであろう。

国土交通省 Web サイトによれば、ダムの堆砂対策については基本的に次のような考え方を示している。

① 堆砂容量として、原則100年間で堆積すると見込まれる容量を確保し、土砂が洪水調節容量の部分にも堆積することがあることも考慮して、洪水調節容量は、一般的に２割程度の余裕を見込んでいる。

② 貯水池内に堆積しまたは流入する土砂については、ダムの有する洪水調節機能に支障が生じないように、土砂の排除等を行う。

③ 堆積土砂の掘削・浚渫、貯砂ダムの設置、排砂バイパス、排砂ゲートの設置等を組み合わせて、堆砂対策を進める。

堆砂容量については、同一水系や近傍の類似水系に設けられた既設ダムの堆砂実績および推定式から、その100年分にあたる堆砂量を求める方法が一般的にとられており、二風谷ダムにおいても、近傍の既設ダムの堆砂実績お

よび推定式から、その100年分にあたる堆砂量を求め、550万 m^{3}という堆砂容量が決定された。二風谷ダムの総貯水容量は3,150万 m^{3}なので、100年かけてその約17％に砂が堆積するという計算がなされたのである。

⑵ 出水によるダム基本計画の見直し

2003年８月に台風10号が北海道に上陸し、日高支庁管内は主要河川が軒並み氾濫して甚大な被害をもたらした。沙流川流域でも記録的な雨量により二風谷ダムの計画高水流量を上回る流入量があり、二風谷ダムの決壊を回避するために、毎秒5,550t もの水をダムから放流した。下流の平取町、旧門別町（現在の日高町）役場から住民に対し避難勧告が行われたが、結果として、死者３名、重傷者１名、家屋全壊10戸、半壊６戸、一部破損16戸、床上浸水79戸、床下浸水172戸の大規模な被害が発生した。

国土交通省は、この洪水を契機に基本高水流量のピーク流量および河川整備計画目標流量を変更するとともに、沙流川の治水計画および利水計画の見直しを行った。二風谷ダムおよび平取ダムについても、洪水調節容量、利水容量の見直しが必要となり、堆砂容量についても、近年の調査結果をもとに検討・見直しを行い、ダム基本計画を変更した。変更された現在のダム基本計画では、これまでの二風谷ダムの堆砂量・堆砂形状や二風谷ダム運用以降の洪水時の土砂移動調査等をもとに、上流から下流への土砂移動を考慮した計算手法を検討し、この手法を用いて100年後の堆砂形状を推定し堆砂容量を決定した（図４）。その結果、堆砂容量は変更前の550万 m^{3}から1,430万 m^{3}へと大幅に増加された。二風谷ダムの放流設備（オリフィスゲート）は、下流側の河床とほぼ同じ低い位置にあり、ゲートを開ける頻度も多いため、水と一緒に土砂が流れ出やすくなっている。これらのことから、堆砂形状が安定に向かい、堆砂の進行が緩やかになると見込まれているという。

しかし、二風谷ダムの供用開始からわずか７年で大規模な洪水被害が発生した事実に鑑みるならば、当初計画において採用された基本データや計算方法に甘さがあったことは確かである。国土交通省が公表している「全国のダムの堆砂状況について（令和２年（2020）度末）」によれば、二風谷ダムの堆砂量はすでに1,280.4万 m^{3}に達しており、わずか150万 m^{3}しか余裕がない。

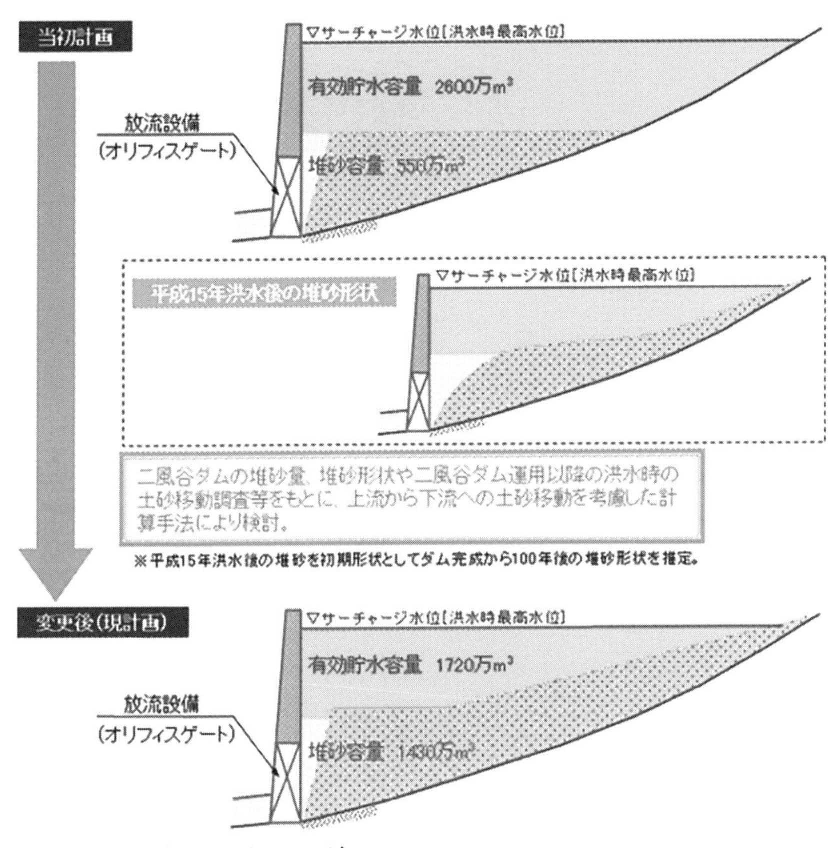

図4　二風谷ダムの堆砂イメージ
出典）国土交通省北海道開発局室蘭開発建設部 Webサイトより転載

実際に、ダム基本計画が見直された後に、2016年8月の台風10号豪雨により、沙流川下流域では、洪水により堤防の破堤、家屋・畑の浸水、国道274号線の複数の橋脚が流出などの甚大な被害が発生した。二風谷ダムは、依然として不安要素を抱えており、現行の計画についてもこまめな見直しが必要であろう。

⑶ 沙流川水害訴訟事件

2003年の豪雨では、沙流川下流の富川で、沙流川を管轄していた鵡川河川事業所長が、本流から支流への逆流を防ぐための樋門を閉じないまま、樋門操作員を退避させたため、富川周辺域では10世帯が冠水するなどの被害が生じた。2005年に、冠水の被害を受けた住民９名と１法人が、適切な避難誘導の遅れや樋門閉鎖措置の遅れが被害拡大を招いたとして、北海道開発局を相手として国家賠償法に基づく約１億円の損害賠償請求訴訟を札幌地方裁判所に提起した。これに対して、札幌地裁は、2011年４月28日に、事業所長の判断の違法性を認める判決を下した。国は控訴したものの、札幌高裁は、2012年９月21日に原審を維持して国に約3,200万円の損害賠償を命ずる判決を下し、国は上告を断念したため本判決は確定した。

じつは、沙流川水害訴訟よりも以前に、すでに司法が二風谷ダム建設に対して警鐘を鳴らしていた。後述する、1997年３月27日の二風谷ダム訴訟事件判決において、札幌地方裁判所は以下のような判断をしている。

> **沙流川流域においては、これまでの洪水により貴重な人命や財産を数多く失っているため洪水調節の必要性があることは十分理解できるが、率直なところ、自然豊かな山間に、堤高31.5メートル、堤頂長580メートルもの巨大なコンクリート構築物を建設しなければ洪水調節等の治水はできなかったのか、アイヌ民族の自然を損なわず自然と共生するという価値観に倣い、これに沿った方法はなかったのか、といった素朴な疑問ないし感慨を抱かざるを得ない。**

なお、二風谷ダム訴訟の審理過程において、原告は、二風谷ダムの当初の建設目的が工業用水の確保にあったことを主張し、それに沿った証拠も存在した。裁判所は、この原告の主張を踏まえながらも、沙流川流域において工事による被害が頻発していたこと、ダムの総建設費用のうち治水部分の費用負担割合が約70％であること、有効貯水容量に対して洪水期の治水容量が80％強を占めていることなどの事実から、二風谷ダム建設事業計画の主目的が治水（洪水調節および流水の正常な機能の維持）にあることを認定した。気候変動により、夏場の集中豪雨や滞留する台風による水害などが恒常化している現今において、沙流川への流入雨水や土砂は増加するばかりであり、果たして二風谷ダムの治水機能がどこまで効果的であるのかは甚だ疑問である。

3．沙流川流域のアイヌ文化

⑴　オキクルミ伝説

二風谷ダムのやや上流部に、沙流川歴史館が開設されている（写真３）。二風谷ダム建設事業をめぐっては、周辺地域に広く居住するアイヌ民族の人々との激しい軋轢が生じ、後述するような裁判闘争にまで発展した。ダム建設によって、集落の水没はなかったものの、アイヌ民族が聖地として崇め、重要な遺跡や伝統儀式を取り行ってきた「空間」そのものが喪失した。同館は、町内の遺跡で発掘された遺物の展示から始まり、今と昔を再現したジオラマ、二風谷遺跡などから出土した収蔵品を無料で展示公開している。周囲には、平取町立二風谷アイヌ文化博物館、萱野茂二風谷アイヌ資料館、平取町アイヌ工芸伝承館ウレシパ、平取町アイヌ文化情報センターなどのアイヌ文化を集中的に学習するのに最適の施設があるほか、アイヌ民族の伝統家屋である「チセ」が数多く復元されて点在している（写真４）。

アイヌの神謡（カムイユカㇻ）によれば、アイヌ民族の国土創造神であるオキクルミ（オイナカムイ、オキキリムイまたはアイヌラックルとも称される）

写真３　沙流川歴史館

出典）2023年９月６日筆者撮影

写真４　修復作業中のチセ
出典）2023年９月６日筆者撮影

が、天界からひとつまみのヒエを持って人間界に降り立ったのが二風谷であるとされる。オキクルミは、人々に火の起こし方、家の作り方、シカやクマの獲り方、毒矢の作り方、サケやマスの捕り方、ヒエの栽培方法、酒造りの方法、そして神祀りの方法などのさまざまな知恵（＝文化）を授けたという。こうして、沙流川流域のアイヌは多くのコタン（集落）を形成して繁栄したが、あるときオキクルミは人間のある所業に怒って神の国に帰ってしまったという。

二風谷周辺にはオキクルミにまつわる数々の地名や遺構がいまも存在している。たとえば、アイヌ語で「穴あき山」を意味するオプシヌプリは、山頂近くの大きなくぼみで、オキクルミが矢で射抜いた跡だと伝えられている（写真５）。もともとは、直径約14mの丸い穴であったが、1898年の豪雨災害で上部が崩れてしまったという。現在でも、オプシヌプリでは、夏至の前後数日間、太陽がちょうどくぼみを通って沈んでいく幻想的な光景を見ることができ、2007年には文化庁によって重要文化的景観に選定されている。

写真5　オプシヌプリ（山頂左側のくぼみ）
出典）2023年9月6日筆者撮影

このほかにも、沙流川流域には先史時代からの遺跡が数多く存在しており、とくに二風谷地区周辺は、中近世にかけて道内有数規模のコタンが形成されていたため、アイヌの神々や習俗に関する地名も多く残る。また、チプサンケ（舟おろしの儀式）、アシㇼチェプノミ（新しい鮭を迎える儀式）やカムイノミ（神への祈りの儀式）などの伝統文化が受け継がれている。いまも昔も、二風谷の地がアイヌ民族にとってかけがえのない聖地であることがよくわかる。

⑵　イザベラ＝バードが見聞した義経伝説

二風谷ダムから沙流川沿いに約6キロ下った右岸高台に義経神社がある（写真6）。源義経が蝦夷地にわたったという伝説は広く流布しているが、二風谷ではオキクルミは義経であったという。もっとも、この義経＝オキクルミ説は、18世紀末以降にアイヌを和人に帰属させる政策のために、江戸幕府が利用して、広く流布したものだろうとの指摘がなされている。このことは、明治初期に東京から北海道までを旅した英国人女性のイザベラ＝バードが、1878年に平取の義経神社を訪れた際の、以下の記述によっても裏付けられる。

副酋長は、山に登るために袖なしの日本の陣羽織を着た。…木の階段がわずかに残っていなかったならば、とても登れないであろう。この階段はアイヌの建築様式ではない。…ジグザグ道の頂上の崖のぎりぎりの端に木造の神社が建っている。これは日本の本土ならばどの森にもどの高いところにもよく見かけるものと同じで、明らかに日本式建築である。しかしこれに関してはアイヌの伝説は黙して語らない。…それから私はこの山アイヌの偉大な神の説明を聞いた。義経の華々しい戦の手柄のためではなくて、伝説によれば彼がアイヌ人に対して親切であったというだけの理由で、ここに義経の霊をいつまでも絶やさず守っているのを見て、私は何かほろりとしたものを感じた[3)]。

バードは、平取コタンの副酋長から、病人治療のお礼として、外国人がいままで誰も訪れたことのないアイヌの神社を案内したいという申し入れを受けて、義経神社に足を運んでいる。しかし、バードもこれがアイヌの人々の固有の神ではなく、むしろ何か信仰を強制されているような背景を感じ取っていたのではないか。さらに、バードの記述の最後の部分からは、彼女が「義経＝オキクルミ説」を了知するとととともに、平取のアイヌたちが自分たちの伝統的なやり方に拠らずにオキクルミを祭らなければならない事情に対して、「何かほろり」としたのではないだろうか。

ちなみに、バードは、アイヌの人々が和人から不当な扱いを受けていることに強い憤りのような感情を抱いていたようであり、それはやはり義経神社において経験した以下の記述からはっきりと見て取ることができる。

伊藤はどうかといえば、彼にはすでに多くの神々がいるから、今さら一人神様を増したところで何ということもないから、彼は拝んだ。すなわち征服民族である自分の民族の偉大な英雄の前で喜んで頭を下げたのであった[4)]。

義経神社に併設されている義経資料館のパンフレットには、「寛政11（1799）年に近藤重蔵らが御神像を寄進し、この地に安置させたのが始まり…住民は義経公を慕い「判官様」または「ホンカンカムイ」と呼んで尊崇し

写真6　義経神社
出典）2023年9月6日筆者撮影

ていたと伝えられる」とある。義経神社の創建からバードがこの地を訪れるまでに、80年ほどしか経過していない。先祖代々の篤い信仰が形成されるには、あまりに時間が短すぎるのではないだろうか。また、もし平取コタンの副酋長が、自分たちにとって神聖な場所を見せることでバードへの恩義に報いようと本当に考えたならば、アイヌの人々が先祖代々信仰した場所を案内するのではないだろうか。その神聖な場所が義経神社であり、そこに行かなければならなかったとするのならば、やはりここにはもともとオキクルミが祀られていたと考えるのが自然なようである。「カムイ」となった源義経をご祭神とする義経神社を拝しながら、何かほろりとしたものを確かに感じた。

4．アイヌ民族とサケ

二風谷ダムには、「魚道」が設置されている（写真7、8）。沙流川は、サケを始めとしてサクラマス、カラフトマスが遡上する河川であることから、設置されたのはダム湖の水量に連動して水路のゲートが上下に可動する特殊な方式の階段式魚道である。

サケのことを、アイヌ語では「カムイチェプ（神の魚）」または「シエペ（本当に食べるもの＝主食）」という。考古学的にも、文献史学的にも、すでに9世紀から13世紀には、北海道から東北北部にかけてはサケやマスの漁労を主体とした文化が展開され、鎌倉時代には干鮭が主要な交易品となっていたようである。現在でも、サケは北海道の代表的な特産物であり、とくに新巻鮭は東日本の正月料理には欠かせない食材として重宝されてきた。

しかし、8月下旬から10月にかけて北海道を旅行すると、道東の河川の河

写真7　二風谷ダムの魚道
出典）2023年9月6日筆者撮影

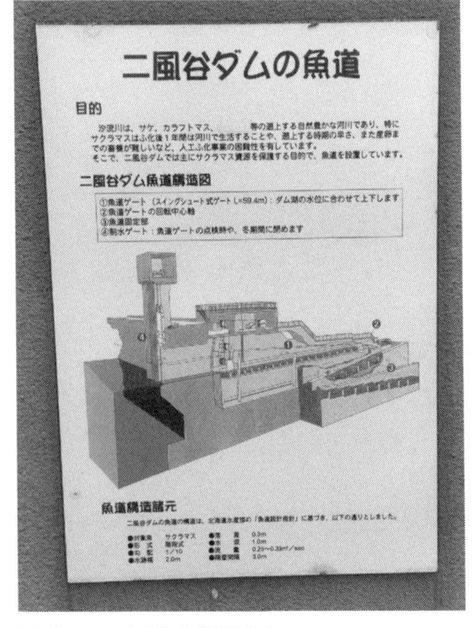

写真8　魚道の説明図
出典）2023年9月6日筆者撮影

口域で遡上するサケを狙う太公望たちが、なぜかみな一様に海に向かって竿を投げている不思議な光景を目にする。川を上るサケを捕まえた方がはるかに簡単なはずなのにと訝しく思うのだが、じつは北海道の内水面（河川・湖沼）では、水産資源保護法、北海道漁業調整規則により、サケ・マスの採捕が禁止されている。この法令の規則は、趣味で釣りを楽しむ太公望だけでなく、漁業者にも適用される。したがって、アイヌの人々は、現在、先祖代々からの伝統であろうとなかろうと、河川でサケやマスを捕獲することができない状態にある。このような状況に対して、二風谷を主たるフィールドとして膨大な業績を残したアイヌ研究の第一人者である萱野茂は、その著書の中でサケ捕獲をめぐって経験した幼少期の辛い思い出を綴っている。

父は巡査に連れられ平取のほうへ歩き出し、私が泣きながら父の後を追いかけると、私を連れ戻そうと大人たちが追ってくる。その大人たちの顔に私と同じに涙が流れていたのを、つい昨日のように思い出すことができる。

毎晩こっそり獲ってきて子どもたちに口止めしながら食べさせていたサケは、日本人が作った法律によって、獲ってはならない魚になっていたというわけであった[5]。

萱野は、この出来事は1931～1932年ころのことと回想しているが、要するにアイヌの人々にとって日々の糧を口にすることが「違法」行為となり、そのことを理解しながらもその糧を獲らざるを得ないという、理不尽との闘いの様子が伝わってくる。そして、萱野の次の一言は、近代法が時に暴力的な侵略装置になり得ることに気づかされる。

侵略によって主食を奪われた民族は聞いたことがない[6]。

少なくともサケ捕獲に関しては、江戸時代以前はアイヌの各コタンが、独占的漁業権をイオル（アイヌ語で狩猟場を意味する）と呼ばれる特定の支配領域内において行使していた（写真９）。特定のイオルには権限を有する複数のコタンの構成員が入り会って自由に漁業や狩猟を行うことができたが、権限なきコタンの構成員がそこで漁業や狩猟をすることは禁じられ、これを犯せばコタン同士の争いになりかねない。歴史教科書にも登場する1669年の

写真9　アイヌの丸木舟
出典）2023年9月6日筆者撮影

シャクシャインの戦いは、もとはといえばイオルの境界を越えた漁業に起因するコタン同士の争いであった。このようなアイヌ民族によるイオルの総有的資源利用とコタンが有する主権について、江戸幕府はこれを認めていた。

しかし、明治政府はアイヌのサケ漁を一方的に禁止した。まず、北海道の大地はことごとく国有地にされ、コタンが有していた独占的・排他的な漁業や狩猟は不可能になった。そして、1873年には現在の札幌市内を流れる代表的河川では豊平川を除いて漁網による漁が禁止され、違反者には漁具の没収や科料が科せられ、1878年には札幌郡内のすべての河川でのサケ捕獲が禁止され、この禁止措置はやがて北海道全域に拡大して行った[7)]。これら一連の法的動向の背景には、殖産興業の一環としての「缶詰製造」があった。公益社団法人日本缶詰びん詰レトルト食品協会（旧社団法人日本缶詰協会）のWeb サイトによれば、1877年に北海道開拓使石狩工場でサケの缶詰が製造された。これは、わが国の缶詰の商業生産の嚆矢となり、1878年にはパリ万博に缶詰が出品されて評価を得て、欧州向けに輸出されるようになった。その後、軍需物資として注目を集め、サケ缶詰の需要はますます増加の一途をたどる。明治政府の殖産興業・富国強兵政策がアイヌの主食を奪う直接的原因になっていたことは明白である。萱野は、さらに次のような言葉で問題の本質を鋭く指摘する。

アイヌたちが定住の場を決めたのは、サケの遡上が止まるところまでであり、主食として当てにしていたことがそのことからはっきりとわかるはずだ。世界中でアイヌ民族だけが使っていたと思われるマレㇷ（回転銛）など、サケを獲る道具は約15種類もあり、サケの食べ方は大ざっぱに数えて20種類。その中には生のまま食べる食べ方もあり、獲ってすぐでなければできない料理もある。

アイヌは自然の摂理にしたがって利息だけを食べて、その日その日の食べ物に不自由がないことを幸せとしていたのである。それなのに日本人が勝手に北海道にやってきて、手始めにアイヌ民族の主食を奪い、日本語がわからない、日本の文字も読めないアイヌに一方的にサケを獲ることを禁じてしまった。

これはアイヌ民族の生活をする権利を、生きる権利を、法律なるものでしばったわけで、サケを獲れば密漁だ、木を伐れば盗伐だ、と手枷足枷そのものであった[8)]**。**

先住民族としてのアイヌの存在を、心の底から訴える萱野の「アイヌ民族の魂の叫び」ともいえるこの言葉は、その後の二風谷ダム訴訟において、原告が展開するさまざまな活動の原動力となった。

5．二風谷ダム訴訟事件

⑴　アイヌの先住性

1997年３月27日、わが国の司法は二風谷を舞台にした紛争解決において、次のような一文を以って正義を示した（札幌地判平成９年３月27日判時1598号33頁）。

アイヌの人々はわが国の統治が及ぶ前から主として北海道において居住し、独自の文化を形成し、またアイデンティティを有しており、これがわが国の統

治に取り込まれた後もその多数構成員の採った政策等により、経済的、社会的に大きな打撃を受けつつも、なお独自の文化及びアイデンティティを喪失していない社会的な集団であるということができるから、前記のとおり定義づけた「先住民族」に該当するというべきである。

本判決は、アイヌ民族が二風谷という地において形成してきた文化や伝統や慣習等を詳細かつ丁寧に事実認定したうえで、これらが不当に軽視ないし無視されているとして、ダム建設をめぐる土地収用裁決の違法性を宣言し、アイヌ民族の先住性を国家機関たる裁判所が初めて認めたものである。ただし、ダム建設が進行している現状にかんがみて、その建設工事の前提となっている土地収用裁決を取り消すことは、公益に著しい障害があるとして、原告らの取消請求は棄却された（このような判決を、講学上、「事情判決」という）。

⑵ 「得られる公共の利益」と「失われる利益ないし価値」

本判決は、二風谷ダム建設事業計画（以下、「本件事業計画」という。）が、土地収用法20条３号が規定する「事業計画が土地の適正かつ合理的な利用に寄与するものであること」という要件を充足するか否かに際して、「得られる公共の利益」と「失われる利益ないし価値」とを比較衡量し、前者が後者に優越すると認められる場合に事業認定されるという判断手法を採用した。

被告（北海道収容委員会）は、本件事業計画の達成によって得られる公共の利益として、「洪水調節」、「流水の正常な機能の維持」、「かんがい用水及び水道用水の需要」、「工業用水の必要」、「発電」の５点を主張した。他方で、原告は、本件事業計画の実施により失われる利益ないしは価値として、「二風谷地域の住民の民族性」、「アイヌ民族の文化的特色」、「二風谷地域におけるアイヌ文化」の３点を主張した。これに対して、本決判決は、比較衡量にあたっての考え方を示したうえで、つぎのように判示した。

本件において、前者すなわち事業計画の達成によって得られる公共の利益は、洪水調節、流水の正常な機能の維持、各種用水の供給及び発電等であって、これまでなされてきた多くの同種事業におけるものと変わるところがなく

簡明であるのに対し、後者すなわち事業計画により失われる公共ないし私的利益は、少数民族であるアイヌ民族の文化であって、これまで議論されたことのないものであり、しかもこの利益については、次のような点が存在するから、慎重な考慮が求められるものである。

そして、慎重な考慮が求められる「次のような点」について、「少数民族が自己の文化について有する利益の法的性質」、「アイヌ民族の先住性」および「アイヌ民族に対する諸政策」の３点を、国際法、法制史、歴史学、文化人類学等のさまざまな学問分野における知見をもとに詳細かつ丁寧に検証したうえで、前述の萱野の「アイヌ民族の魂の叫び」をなぞるかのように、次のように結論付けて原告らの「文化享有権」を認めた。やや長文であるが、判決文としては極めて希少な名文ゆえに引用して紹介する。

国の行政機関である建設大臣としては、先住少数民族の文化等に影響を及ぼすおそれのある政策の決定及び遂行に当ってはその権利に不当な侵害が起らないようにするため、右利益である先住少数民族の文化等に対し特に十分な配慮をすべき責務を負っている。

アイヌ民族は文字を持たない民族であるから、形として残されたチプサンケ等の儀式やチャシ等の遺跡は、アイヌ民族の文化を探求する上で代替性のない貴重な資料であって、その重要性は文字を持つ民族における重要性とは比ぶべきもない程高いといわなければならない。そして、チノミシリは、自然崇拝の思想を持つアイヌ民族にとって、心の拠り所となる宗教的意味合いを持った場所なのであるから、他民族に属する人々は、あれこれ論ずることなく謙虚に敬意を払う必要があるというべきである。そうすると、本件収用対象地付近がアイヌ民族にとって、環境的・民族的・文化的・歴史的・宗教的に重要な諸価値を有していることは明らかであり、そしてまた、これらの諸価値は、アイヌ民族に属しない国民一般にとっても重要な価値を有するものである。なぜなら、島国である我が国においては、多くの民族の文化に接する機会は比較的限られたものにならざるを得ないとみられることから、ともすれば単一的な価値観に陥りがちであるところ、日本国内において先住少数民族の先住地域に密着した文化に接する機会を得ることは、民族の多様性に対する理解や多様な価値観の醸成に大いに貢献すると考えられるからである。したがって、これらの諸価値は、アイヌ民族に対して採られ続けてきたいわゆる同化政策などの影響により損なわれ続けてきたアイヌの言葉、食文化、生活習慣、伝統行事、自然崇拝の思想などを後世に伝えていく上でも、その維持、保存が将来にわたりなされていくべきものである。

ところが、本件事業計画が実施されると、アイヌ民族の聖地と呼ばれ、アイヌ文化が根付き、アイヌ文化研究の発祥の地といわれるこの二風谷地域の環境は大きく変容し、自然との共生という精神的文化を基礎に、地域と密着した先住少数民族であるアイヌ民族の民族的・文化的・歴史的・宗教的諸価値を後世に残していくことが著しく困難なものとなることは明らかである。公共の利益のために、これらの諸価値が譲歩することがあり得ることはもちろんであるが、譲歩を求める場合には、前記のような同化政策によりアイヌ民族独自の文化を衰退させてきた歴史的経緯に対する反省の意を込めて最大限の配慮がなされなければならない。そうでなければ、先住民族として、自然重視の価値観の下に、自然と深く関わり、狩猟、採集、漁撈を中心とした生活を営んできたアイヌ民族から伝統的な漁法や狩猟法を奪い、衣食生活の基礎をなす鮭の捕獲を禁止し、罰則をもって種々の生活習慣を禁ずるなどして、民族独自の食生活や習俗を奪うとともに北海道旧土人保護法に基づいて給付地を下付して、民族の本質的な生き方ではない農耕生活を送ることを余儀なくさせるなどして、民族性を衰退させながら、多数構成員による支配が、これに対する反省もなく、安易に自己の民族への誇りと帰属意識を有するアイヌ民族から民族固有の文化が深く関わった先住地域における土地を含む自然を奪うことになるのである。また、本件収用対象地についていえば、同地は、北海道旧土人保護法に基づいて下付された土地であるところ、このように土地を下付してアイヌ民族として慣れない農耕生活を余儀なくさせ、民族性の衰退の一因を与えながら僅か100年も経過しないうちに、これを取上げることになるのである。もちろん、このように北海道旧土人保護法により下付した土地を公共の利益のために使うことが全く許されないわけではないが、このためには最大限の配慮をすることを要するのである。そうでなければ、多数構成員による安易かつ身勝手な施策であり、違法であると断じざるを得ない。

判決の言い渡しが終わった時、弁護団は記者会見用に「不当判決」、「先住無視」などの垂れ幕しか用意しておらず、慌てて電車の時刻表の紙の裏に「全面勝訴」、「先住民族と認める」と書いたという[9]。このエピソードからも、本判決がいかに画期的なものであったかを知ることができる。

裁判所は、公共の福祉による私権制限が認められ得る公共事業においてさえ、マイノリティの権利保護や継承されてきた生活文化的環境に対して最大限の配慮を払うべきだと明確に判断した。開発によって「得られる利益」と「失われる利益」との比較衡量を行ったときに、前者の必要性や重大性が後者に当然に優るものとはいえないことを示したものであるが、この比較衡量において軽重判断の基準となったのは、当該利益が有する金銭的価値ではなく精神的価値であった。

6．二風谷ダム訴訟事件が開けた「扉」

札幌から道央自動車道に乗って、苫小牧東から日高自動車道に入って日高富川ICで降りると、二風谷ダムまでは比較的平坦な道を20kmほど走行すれば到着する。近年、ひそかにブームとなっている「ダムカード」目当てのダムマニアにとっては、曲がりくねった山道での運転に苦労することなくたどり着けるため、幾らか拍子抜けするかもしれない（写真10）。そして、ダムに関する基礎知識を有していれば、このダムが少なくとも発電用として機能するか否かに対して疑問を呈することだろう。むしろ、ダム周辺域に点在する平取アイヌの遺跡や博物館等を見学するうちに、ダム建設によって水没させられたアイヌ民族の精神文化に思いを致すに違いない。

他方で、ややわかりにくいが、二風谷ダム事件判決が認めた文化享有権は、アイヌの個人としての権利であって、アイヌ集団の権利を認めたわけではない。集団の権利とはいったいどのような権利であろうか。2007年に採択された「先住民族の権利に関する国連宣言」では、先住民族の権利について「個人の権利」と「集団の権利」とを分けて規定しており、後者には「土地や自然資源に対する権利」、「民族教育をする権利」、「自決権」、「遺骨の返還を求める権利」などがある[10)]。このような国際法の動向に対して、わが国も2008年に衆参両院で「アイヌ民族を先住民族とすることを求める決議」が採択され、2019年には「アイヌの人々の誇りが尊重される社会を実現するための施策の推進に関する法律（以下、「アイヌ施策推進法」という）」が制定された[11)]。アイヌ施策推進法は、アイヌ民族を「先住民族」として明文で規定し

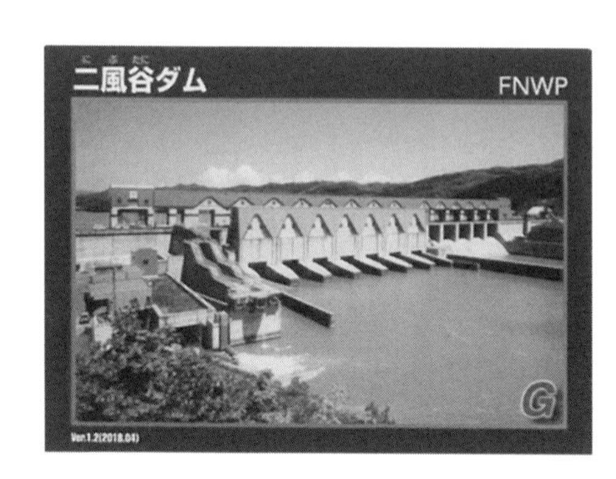

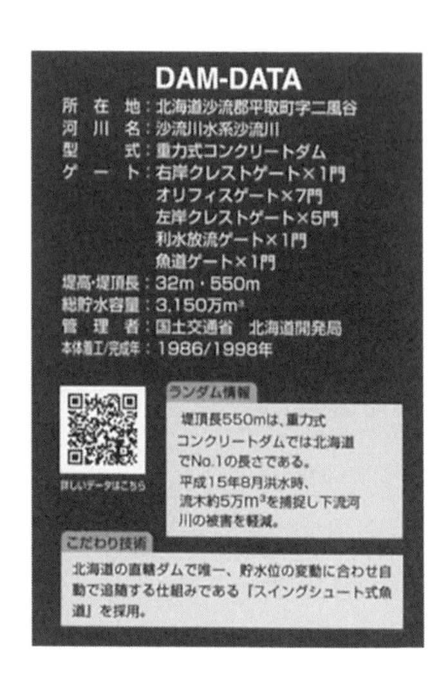

写真10　二風谷ダムカード
出典）国土交通省北海道開発局室蘭開発建設部 Web サイトより転載

ている（法１条）。また、儀式用のサケの捕獲に関しては、北海道知事の許可により認められたものの、生業としてのサケの捕獲は依然として禁止されている。

このような状況に対して、ラポロアイヌネイションというアイヌ集団が、2020年８月17日に、国を相手に十勝川河口部におけるサケ捕獲権の確認を求める訴訟を札幌地方裁判所に提起した。ラポロアイヌネイション名誉会長の差間正樹氏が口頭弁論において提出した意見陳述書は、以下のような言葉で締めくくられている。

> **私たちは、サケを生活のため、また経済活動のために捕獲したいと思っています。それによってアイヌが自立し、生活できることを望んでいます。私たちは川を取り戻し、サケを取り戻し、生活を取り戻したいのです**[12]。

これに対して、札幌地方裁判所は、2024年４月18日に、アイヌ固有の文化を享有する権利およびそれとの関係でサケの採捕は最大限尊重されるべきであるとしたうえで、原告の主張する漁業権は財産権の側面が強く、河川が公共用物である以上、特定の集団が排他的に漁業を営むことは困難であるとして、原告の漁業権確認の訴えは却下し、その他の原告の請求を棄却する判決を下した。

二風谷ダム建設によって、アイヌ民族の精神的利益は失われた。しかし、裁判闘争の結果、司法においてアイヌ民族の先住性が認められ、その後の立法によって法的にもその地位が認められた。いま、アイヌの人々の民族としての闘争は、次なる段階へと移行した。しかし、それは、民族の精神的拠り所を失うという悲しい経験となった二風谷ダム建設によって開扉されたといってもよいだろう。アイヌの人々の「権利のための闘争」を、あらゆる側面から応援したい。

注

1）　山田秀三『北海道の地名』（草風館、2000）360頁。
2）　中坊徹次編・監修『日本魚類館』（小学館、2018）124～125頁。
3）　イザベラ・バード、高梨健吉訳『日本奥地紀行』（平凡社、2000）399～400頁。
4）　同上401頁。なお、伊藤とはバードの通訳兼従者である。
5）　萱野茂『アイヌ歳時記――二風谷のくらしと心』（ちくま学芸文庫、2017）86頁。
6）　同上86頁。
7）　市川守弘『アイヌの法的地位と国の不正義――遺骨返還問題と〈アメリカインディアン法〉から考える〈アイヌ先住権〉』（寿郎社、2019）101頁。なお、山田伸一『近代北海道とアイヌ民族――狩猟規制と土地問題』（北海道大学出版会、2011）195頁によれば、「開拓使内部でもアイヌ民族の従来からの生業活動を一定程度保障しようという動きはあったが、黒田長官の方針は農業への転換を強く押し出してこうした動きを押しつぶした」という。
8）　前掲注5）萱野書84～85頁。
9）　青柳絵梨子『海のアイヌの丸木舟――ラポロアイヌネイションの闘い』（寿郎社、2023）93頁。
10）　市川守弘「二風谷判決　その次は？」『私の心に残る裁判例』Vol. 3（判例時報社、2021）37頁。

11） 二風谷ダム判決の４か月後の1997年７月に旧土人保護法が廃止され、「アイヌの文化の振興並びにアイヌの伝統等に関する知識の普及及び啓発に関する法律（アイヌ文化振興法）」が制定されたが、アイヌ施策推進法の制定と同時に廃止された。

12） 差間正樹＝殿平善彦＝みかみめぐる＝伊藤翠＝市川利美編『サーモンピープル――アイヌのサケ捕獲権回復をめざして』（かりん舎、2021）166頁。

参考文献

青柳絵梨子『海のアイヌの丸木舟――ラポロアイヌネイションの闘い』（寿郎社、2023）

イザベラ・バード、高梨健吉訳『日本奥地紀行』（平凡社、2000）

テッサ・モーリス＝スズキ、市川守弘『アイヌの権利とは何か』（かもがわ出版、2020）

市川守弘『アイヌの法的地位と国の不正義――遺骨返還問題と〈アメリカインディアン法〉から考える〈アイヌ先住権〉』（寿郎社、2019）

市川守弘「二風谷判決　その次は？」『私の心に残る裁判例』Vol.3（判例時報社、2021）

小笠原信之『アイヌ共有財産裁判――小石一つ自由にならず』（緑風出版、2004）

小坂田裕子＝深山直子＝丸山淳子＝守谷賢輔編『考えてみよう先住民族と法』（信山社、2022）

萱野茂『アイヌと神々の物語――炉端で聞いたウウェペケレ』（ヤマケイ文庫、2020）

萱野茂『アイヌ歳時記――二風谷のくらしと心』（ちくま学芸文庫、2017）

菊池勇夫『アイヌ民族と日本人――東アジアのなかの蝦夷地』（吉川弘文館、2023）

差間正樹＝殿平善彦＝みかみめぐる＝伊藤翠＝市川利美編『サーモンピープル――アイヌのサケ捕獲権回復をめざして』（かりん舎、2021）

知里幸惠編訳『アイヌ神謡集』（岩波文庫、1978）

知里真志保編訳『アイヌ民譚集』（岩波文庫、1981）

知里真志保著『地名アイヌ語小辞典』（北海道出版企画センター、1956）

中坊徹次編・監修『日本魚類館』（小学館、2018）

山田秀三『北海道の地名』（草風館、2000）

山田伸一『近代北海道とアイヌ民族――狩猟規制と土地問題』（北海道大学出版会、2018）

【執筆者紹介】

仁連 孝昭（にれん たかあき）

出　身：大阪府
生　年：1948年
学　歴：1971年　大阪市立大学経済学部卒業
　　　　1979年　京都大学大学院経済学研究科博士課程単位取得満期退学
勤務先：学校法人関西文理総合学園長浜バイオ大学理事長
業　績：仁連孝昭編『滋賀県の産業とマテリアル・フロー』（(財）滋賀県産業支援プラザ、2007年）
　　　　共著　内藤正明編『琵琶湖ハンドブック』（滋賀県、初版2007年、改訂版2011年、三訂版2018年）
　　　　仁連孝昭「琵琶湖と人のかかわり」『近江学』第10号、pp.18-24（成安造形大学附属近江学研究所、2018年）

奥田 進一（おくだ しんいち）

出　身：神奈川県川崎市生まれ
生　年：1969年
学　歴：1993年　早稲田大学法学部卒業
　　　　1995年　早稲田大学大学院法学研究科修士課程修了
勤務先：拓殖大学政経学部
業　績：渡辺利夫＝奥田進一編『後藤新平の発想力』（成文堂、2011）
　　　　奥田進一著『共有資源管理利用の法制度』（成文堂、2019）
　　　　奥田進一＝長島光一編『環境法――将来世代との共生』（成文堂、2023）

水資源・環境学会『環境問題の現場を歩く』シリーズ ❸
琵琶湖と二風谷ダムを歩く

2024年 6 月25日　初　版第 1 刷発行

著　者　仁　連　孝　昭
　　　　奥　田　進　一

発行者　阿　部　成　一

169-0051　東京都新宿区西早稲田1-9-38
発行所　株式会社　成　文　堂
電話 03(3203)9201(代)　Fax 03(3203)9206
http://www.seibundoh.co.jp

製版・印刷・製本　藤原印刷　　検印省略
☆乱丁・落丁本はおとりかえいたします☆

ISBN978-4-7923-3440-6　C3031
定価（本体1000円＋税）

刊行にあたって

水資源・環境学会は学会創立40周年を記念して、ブックレット『環境問題の現場を歩く』シリーズの刊行を開始することにしました。学会創設以来、一貫して水問題、環境問題を中心とした研究に取り組んでまいりました。水資源・環境学会の使命は「深化を続ける水と環境の問題を学際的な視点から考察し、研究者はもちろん、実務家、市民のみなさんなど幅広い担い手の参加を得て、その解決策を探る」と謳っています。

水と環境の問題を発見するためには、問題が起こっている現場で何が問われているかを真摯な態度で聞くことが出発です。「現場」のとらえ方は、そこに住む人、訪れる人によって様々です。「百人百様」という言葉がありますが、本シリーズは、それぞれの著者の視点で書かれたものであり、皆さんは、きっと異なった思いや、斬新な問題提起があると思います。

本シリーズをきっかけに「学際的な研究交流の場」の原点である現地を歩くことにより、瑞々しい研究意欲を奮い立たせていただければと願います。

水資源・環境学会